石油企业岗位练兵手册

维修电工

（生产辅助单位专用）

（第二版）

大庆油田有限责任公司　编

石油工业出版社

内 容 提 要

　　本书采用问答形式，对维修电工（生产辅助单位专用）应掌握的知识和技能进行了详细介绍。主要内容可分为基本素养、基础知识、基本技能三部分。基本素养包括企业文化、发展纲要和职业道德等内容，基础知识包括与工种岗位密切相关的专业知识和 HSE 知识等内容，基本技能包括操作技能和常见故障判断处理等内容。本书适合维修电工（生产辅助单位专用）阅读使用。

图书在版编目（CIP）数据

　　维修电工：生产辅助单位专用 / 大庆油田有限责任公司编 . —2 版 . —北京：石油工业出版社，2023.8
　　（石油企业岗位练兵手册）
　　ISBN 978-7-5183-6134-2

　　Ⅰ . ①维… Ⅱ . ①大… Ⅲ . ①电工－维修－技术手册 Ⅳ . ① TM07-62

　　中国国家版本馆 CIP 数据核字（2023）第 131526 号

出版发行：石油工业出版社
　　　　　（北京市朝阳区安华里 2 区 1 号楼　 100011）
　　　　　网　址：www.petropub.com
　　　　　编辑部：（010）64256770
　　　　　图书营销中心：（010）64523633
经　　销：全国新华书店
印　　刷：北京中石油彩色印刷有限责任公司

2023 年 8 月第 2 版　 2023 年 8 月第 1 次印刷
880×1230 毫米　 开本：1/32　 印张：9.75
字数：240 千字
定价：50.00 元

《维修电工（生产辅助单位专用）》编委会

主　　任：陶建文

执行主任：李钟磬

副 主 任：夏克明　宋宝成

委　　员：全海涛　崔　伟　张智博　武　威　袁志芳

　　　　　宋丽娜　王　平　杨　鑫　高　楠

《维修电工（生产辅助单位专用）》编审组

前言

　　岗位练兵是大庆油田的优良传统，是强化基本功训练、提升员工素质的重要手段。新时期、新形势下，按照全面加强"三基"工作的有关要求，为进一步强化和规范经常性岗位练兵活动，切实提高基层员工队伍的基本素质，按照"实际、实用、实效"的原则，大庆油田有限责任公司人事部组织编写、修订了基层员工《石油企业岗位练兵手册》丛书。围绕提升政治素养和业务技能的要求，本套丛书架构分为基本素养、基础知识、基本技能三部分，基本素养包括企业文化（大庆精神铁人精神、优良传统）、发展纲要和职业道德等内容；基础知识包括与工种岗位密切相关的专业知识和HSE知识等内容；基本技能包括操作技能和常见故障判断处理等内容。本套丛书的编写，严格依据最新行业规范和技术标准，同时充分结合目前专业知识更新、生产设备调整、操作工艺优化等实际情况，具有突出的实用性和规范性的特点，既能作为基层开展岗位练兵、提高业务技能的实用教材，也可以作为员工岗位自学、单位开展技能竞赛的参考资料。

希望各单位积极应用，充分发挥本套丛书的基础性作用，持续、深入地抓好基层全员培训工作，不断提升员工队伍整体素质，为实现公司科学发展提供人力资源保障。同时，希望各单位结合本套丛书的应用实践，对丛书的修改完善提出宝贵意见，以便更好地规范和丰富丛书内容，为基层扎实有效地开展岗位练兵活动提供有力支撑。

大庆油田有限责任公司人事部

2023 年 4 月 28 日

目录

第二部分　基本知识

第三部分　基本技能

第一部分
基本素养

 企业文化

（一）名词解释

1.**石油精神**：石油精神以大庆精神铁人精神为主体，是对石油战线企业精神及优良传统的高度概括和凝练升华，是我国石油队伍精神风貌的集中体现，是历代石油人对人类精神文明的杰出贡献，是石油石化企业的政治优势和文化软实力。其核心是"苦干实干""三老四严"。

2.**大庆精神**：为国争光、为民族争气的爱国主义精神；独立自主、自力更生的艰苦创业精神；讲究科学、"三老四严"的求实精神；胸怀全局、为国分忧的奉献精神，凝练为"爱国、创业、求实、奉献"8个字。

3.**铁人精神**："为国分忧、为民族争气"的爱国主义精神；"宁肯少活二十年，拼命也要拿下大油田"的忘我拼搏精神；"有条件要上，没有条件创造条件也要上"的艰苦奋斗精神；"干工作要经得起子孙万代检查""为革命练一身硬功夫、真本事"的科学求实精神；"甘愿为党和人民当一辈子老黄牛"、埋头苦干的无私奉献精神。

4.**三超精神**：超越权威，超越前人，超越自我。

5.**艰苦创业的六个传家宝**：人拉肩扛精神，干打垒精神，五把铁锹闹革命精神，缝补厂精神，回收队精神，修旧利废精神。

6.**三要十不**："三要"：一要甩掉石油工业的落后帽子；二要高速度、高水平拿下大油田；三要在会战中夺冠军，争取集体荣誉。"十不"：第一，不讲条件，就是说有条件要上，没有条件创造条件上；第二，不讲时间，特别是工作紧张时，大家都不分白天黑夜地干；第三，不讲报酬，干啥都是为了革命，为了石油，而不光是为了个人的物质报酬而劳动；第四，不分级别，有工作大家一起干；第五，不讲职务高低，不管是局长、队长，都一起来；第六，不分你我，互相支援；第七，不分南北东西，就是不分玉门来的、四川来的、新疆来的，为了大会战，一个目标，大家一起上；第八，不管有无命令，只要是该干的活就抢着干；第九，不分部门，大家同心协力；第十，不分男女老少，能干什么就干什么、什么需要就干什么。这"三要十不"，激励了几万职工团结战斗、同心协力、艰苦创业，一心为会战的思想和行动，没有高度觉悟是做不到的。

7.**三老四严**：对待革命事业，要当老实人，说老实话，办老实事；对待工作，要有严格的要求，严密的组织，严肃的态度，严明的纪律。

8.**四个一样**：对待革命工作要做到，黑天和白天一个样，坏天气和好天气一个样，领导不在场和领导在场一个样，没有人检查和有人检查一个样。

9. **思想政治工作"两手抓"**：抓生产从思想入手，抓思想从生产出发。这是大庆人正确处理思想政治工作与经济工作关系的基本原则，也是大庆人思想政治工作的一条基本经验。

10. **岗位责任制管理**：大庆油田岗位责任制，是大庆石油会战时期从实践中总结出来的一整套行之有效的基础管理方法，也是大庆油田特色管理的核心内容。其实质就是把全部生产任务和管理工作落实到各个岗位上，给企业每个岗位人员都规定出具体的任务、责任，做到事事有人管，人人有专责，办事有标准，工作有检查。它包括工人岗位责任制、基层干部岗位责任制、领导干部和机关干部岗位责任制。工人岗位责任制一般包括岗位专责制、交接班制、巡回检查制、设备维修保养制、质量负责制、岗位练兵制、安全生产制、班组经济核算制等 8 项制度；基层干部岗位责任制包括岗位专责制、工作检查制、生产分析制、经济活动分析制、顶岗劳动制、学习制度等 6 项制度；领导干部和机关干部岗位责任制包括岗位专责制、现场办公制、参加劳动制、向工人学习日制、工作总结制、学习制度等 6 项制度。

11. **三基工作**：以党支部建设为核心的基层建设，以岗位责任制为中心的基础工作，以岗位练兵为主要内容的基本功训练。

12. **四懂三会**：这是在大庆石油会战时期提出的对各行各业技术工人必备的基本知识、基本技能的基本要求，也是"应知应会"的基本内容。四懂即懂设备结构、懂设备原理、懂设备性能、懂工艺流程。三会即会操作、会维修保养、会排除故障。

13. **五条要求**：人人出手过得硬，事事做到规格化，项项工程质量全优，台台在用设备完好，处处注意勤俭节约。

14. **会战时期"五面红旗"**：王进喜、马德仁、段兴枝、薛国邦、朱洪昌。

15. **新时期铁人**：王启民。

16. **大庆新铁人**：李新民。

17. **新时代履行岗位责任、弘扬严实作风"四条要求"**：要人人体现严和实，事事体现严和实，时时体现严和实，处处体现严和实。

18. **新时代履行岗位责任、弘扬严实作风"五项措施"**：开展一场学习，组织一次查摆，剖析一批案例，建立一项制度，完善一项机制。

（二）问答

1. 简述大庆油田名称的由来。

1959年9月26日，新中国成立十周年大庆前夕，位于黑龙江省原肇州县大同镇附近的松基三井喷出了具有工业价值的油流，为了纪念这个大喜大庆的日子，当时黑龙江省委第一书记欧阳钦同志建议将该油田定名为大庆油田。

2. 中共中央何时批准大庆石油会战？

1960年2月13日，石油工业部以党组的名义向中共中央、国务院提出了《关于东北松辽地区石油勘探情况和今后部署问题的报告》。1960年2月20日中共中央正式批准大庆石油会战。

3. 什么是"两论"起家？

1960年4月10日，大庆石油会战一开始，会战领导小组就以石油工业部机关党委的名义作出了《关于学习毛泽东同志所著〈实践论〉和〈矛盾论〉的决定》，号召广大会战职工学习毛泽东同志的《实践论》《矛盾论》和毛泽东同志的其他著作，以马列主义、毛泽东思想指导石油大会战，用辩证唯物主义的立场、观点、方法，认识油田规律，分析和解决会战中遇到的各种问题。广大职工说，我们的会战是靠"两论"起家的。

4. 什么是"两分法"前进？

即在任何时候，对任何事情，都要用"两分法"，形势好的时候要看到不足，保持清醒的头脑，增强忧患意识，形势严峻的时候更要一分为二，看到希望，增强发展的信心。

5. 简述会战时期"五面红旗"及其具体事迹。

"五面红旗"喻指大庆石油会战初期涌现的五位先进榜样：王进喜、马德仁、段兴枝、薛国邦、朱洪昌。钻井队长王进喜带领队伍人拉肩扛抬钻机，端水打井保开钻，在发生井喷的危急时刻，奋不顾身跳下泥浆池，用身体搅拌泥浆制服井喷。钻井队长马德仁在泥浆泵上水管线冻结时，不畏严寒，破冰下泥浆池，疏通上水管线。钻井队长段兴枝在吊车和拖拉机不足的情况下，利用钻机本身的动力设施，解决了钻机搬家的困难。大庆油田第一个采油队队长薛国邦自制绞车，给第一批油井清蜡，又手持蒸汽管下到油池里化开凝结的原油，保证了大庆油田首次原油外运列车顺利启程。工程队队长朱洪昌在供水管线漏水时，用手捂着漏点，忍着灼烧的疼痛，让焊工焊接裂缝，保证了供水工程提前竣工。

6. 大庆油田投产的第一口油井和试注成功的第一口水井各是什么？

1960年5月16日，大庆油田第一口油井中7-11井投产；1960年10月18日，大庆油田第一口注水井7排11井试注成功。

7. 大庆石油会战时期讲的"三股气"是指什么？

对一个国家来讲，就要有民气；对一个队伍来讲，就要有士气；对一个人来讲，就要有志气。三股气结合起来，就会形成强大的力量。

8. 什么是"九热一冷"工作法？

大庆石油会战中创造的一种领导工作方法。是指在1旬中，有9天"热"，1天"冷"。每逢十日，领导干部再忙，也要坐在一起开务虚会，学习上级指示，分析形势，总结经验，从而把感性认识提高到理性认识上来，使领导作风和领导水平得到不断改进和提高。

9. 什么是"三一""四到""五报"交接班法？

对重要的生产部位要一点一点地交接、对主要的生产数据要一个一个地交接、对主要的生产工具要一件一件地交接。交接班时应该看到的要看到、应该听到的要听到、应该摸到的要摸到、应该闻到的要闻到。交接班时报检查部位、报部件名称、报生产状况、报存在的问题、报采取的措施，开好交接班会议，会议记录必须规范完整。

10. 大庆油田原油年产5000万吨以上持续稳产的时间是哪年？

1976年至2002年，大庆油田实现原油年产5000万吨以上连续 27 年高产稳产，创造了世界同类油田开发史上的奇迹。

11. 大庆油田原油年产 4000 万吨以上持续稳产的时间是哪年？

2003 年至 2014 年，大庆油田实现原油年产 4000 万吨以上连续 12 年持续稳产，继续书写了"我为祖国献石油"新篇章。

12. 中国石油天然气集团有限公司企业精神是什么？

石油精神和大庆精神铁人精神。

13. 中国石油天然气集团有限公司的主营业务是什么？

中国石油天然气集团有限公司是国有重要骨干企业和全球主要的油气生产商和供应商之一，是集国内外油气勘探开发和新能源、炼化销售和新材料、支持和服务、资本和金融等业务于一体的综合性国际能源公司，在全球 32 个国家和地区开展油气投资业务。

14. 中国石油天然气集团有限公司的企业愿景和价值追求分别是什么？

企业愿景：建设基业长青世界一流综合性国际能源公司；

企业价值追求：绿色发展、奉献能源，为客户成长增动力、为人民幸福赋新能。

15. 中国石油天然气集团有限公司的人才发展理念是什么？

生才有道、聚才有力、理才有方、用才有效。

16. 中国石油天然气集团有限公司的质量安全环保理念是什么？

以人为本、质量至上、安全第一、环保优先。

17. 中国石油天然气集团有限公司的依法合规理念是什么？

法律至上、合规为先、诚实守信、依法维权。

 发展纲要

（一）名词解释

1. **三个构建**：一是构建与时俱进的开放系统；二是构建产业成长的生态系统；三是构建崇尚奋斗的内生系统。

2. **一个加快**：加快推动新时代大庆能源革命。

3. **抓好"三件大事"**：抓好高质量原油稳产这个发展全局之要；抓好弘扬严实作风这个标准价值之基；抓好发展接续力量这个事关长远之计。

4. **谱写"四个新篇"**：奋力谱写"发展新篇"；奋力谱写"改革新篇"；奋力谱写"科技新篇"；奋力谱写"党建新篇"。

5. **统筹"五大业务"**：大力发展油气业务；协同发展服务业务；加快发展新能源业务；积极发展"走出去"业务；特色发展新产业新业态。

6. **"十四五"发展目标**：实现"五个开新局"，即稳油增气开新局；绿色发展开新局；效益提升开新局；幸福生活开新局；企业党建开新局。

7. **高质量发展重要保障**：思想理论保障；人才支持保障；基础环境保障；队伍建设保障；企地协作保障。

（二）问答

1. 习近平总书记致大庆油田发现 60 周年贺信的内容是什么？

值此大庆油田发现 60 周年之际，我代表党中央，向大庆油田广大干部职工、离退休老同志及家属表示热烈的祝贺，并致以诚挚的慰问！

60 年前，党中央作出石油勘探战略东移的重大决策，广大石油、地质工作者历尽艰辛发现大庆油田，翻开了中国石油开发史上具有历史转折意义的一页。60 年来，几代大庆人艰苦创业、接力奋斗，在亘古荒原上建成我国最大的石油生产基地。大庆油田的卓越贡献已经镌刻在伟大祖国的历史丰碑上，大庆精神、铁人精神已经成为中华民族伟大精神的重要组成部分。

站在新的历史起点上，希望大庆油田全体干部职工不忘初心、牢记使命，大力弘扬大庆精神、铁人精神，不断改革创新，推动高质量发展，肩负起当好标杆旗帜、建设百年油田的重大责任，为实现"两个一百年"奋斗目标、实现中华民族伟大复兴的中国梦作出新的更大的贡献！

2. 当好标杆旗帜、建设百年油田的含义是什么？

当好标杆旗帜——树立了前行标尺，是我们一切工作的根本遵循。大庆油田要当好能源安全保障的标杆、国企深化改革的标杆、科技自立自强的标杆、赓续精神血脉的标杆。

建设百年油田——指明了前行方向，是我们未来发展的奋斗目标。百年油田，首先是时间的概念，追求能源主业的升级发展，建设一个基业长青的百年油田；百年油田，也是空间的拓展，追求发展舞台的开辟延伸，建设一个走向世界的百年油田；百年油田，更是精神的赓续，追求红色基因的传承弘扬，建设一个旗帜高扬的百年油田。

3. 大庆油田60多年的开发建设取得的辉煌历史有哪些？

大庆油田60多年的开发建设，为振兴发展奠定了坚实基础。建成了我国最大的石油生产基地；孕育形成了大庆精神铁人精神；创造了世界领先的陆相油田开发技术；打造了过硬的"铁人式"职工队伍；促进了区域经济社会的繁荣发展。

4. 开启建设百年油田新征程两个阶段的总体规划是什么？

第一阶段，从现在起到2035年，实现转型升级、高质量发展；第二阶段，从2035年到本世纪中叶，实现基业长青、百年发展。

5. 大庆油田"十四五"发展总体思路是什么？

坚持以习近平新时代中国特色社会主义思想为指导，深入贯彻落实党的二十大精神，牢记践行习近平总书记重要讲话重要指示批示精神特别是"9·26"贺信精神，完整、准确、全面贯彻新发展理念，服务和融入新发展格局，立足增强能源供应链稳定性和安全性，贯彻落实国家"十四五"现代能源体系规划，认真落实中国石油天然气集团有限公司党组和黑龙江省委省政府部署要求，全面加强党的领导党的建设，坚持稳中求进工作总基调，突出高质量发展主题，遵循"四个坚持"兴企方略和"四化"治企准则，推进实施以抓好"三件大事"为总纲、以谱写"四个新篇"为实践、以统筹"五大业务"为发展支撑的总体战略布局，全面提升企业的创新力、竞争力和可持续发展能力，当好标杆旗帜、建设百年油田，开创油田高质量发展新局面。

6. 大庆油田"十四五"发展基本原则是什么？

坚持"九个牢牢把握"，即牢牢把握"当好标杆旗帜"这个根本遵循；牢牢把握"市场化道路"这个基本方向；牢牢把握"低成本发展"这个核心能力；牢牢把握"绿色低碳转型"这个发展趋势；牢牢把握"科技自立自强"这个战略支撑；牢牢把握"人才强企工程"这个重大举措；牢牢把握"依法合规治企"这个内在要求；牢牢把握"加强作风建设"这个立身之本；牢牢把握"全面从严治党"这个政治引领。

7. 中国共产党第二十次全国代表大会会议主题是什么？

高举中国特色社会主义伟大旗帜，全面贯彻新时代中国特色社会主义思想，弘扬伟大建党精神，自信自强、守正创新，踔厉奋发、勇毅前行，为全面建设社会主义现代化国家、全面推进中华民族伟大复兴而团结奋斗。

8. 在中国共产党第二十次全国代表大会上的报告中，中国共产党的中心任务是什么？

从现在起，中国共产党的中心任务就是团结带领全国各族人民全面建成社会主义现代化强国、实现第二个百年奋斗目标，以中国式现代化全面推进中华民族伟大复兴。

9. 在中国共产党第二十次全国代表大会上的报告中，中国式现代化的含义是什么？

中国式现代化，是中国共产党领导的社会主义现代化，既有各国现代化的共同特征，更有基于自己国情的中国特色。中国式现代化是人口规模巨大的现代化；中国式现代化是全体人民共同富裕的现代化；中国式现代化是物质文明和精神文明相协调的现代化；中国式现代化是人与自然和谐共生的现代化；中国式现代化是走和平发展道路的现代化。

10. 在中国共产党第二十次全国代表大会上的报告中，两步走是什么？

全面建成社会主义现代化强国，总的战略安排是分两步走：从二〇二〇年到二〇三五年基本实现社会主义现代化；从二〇三五年到本世纪中叶把我国建成富强民主文明和谐美丽的社会主义现代化强国。

11. 在中国共产党第二十次全国代表大会上的报告中，"三个务必"是什么？

全党同志务必不忘初心、牢记使命，务必谦虚谨慎、艰苦奋斗，务必敢于斗争、善于斗争，坚定历史自信，增强历史主动，谱写新时代中国特色社会主义更加绚丽的华章。

12. 在中国共产党第二十次全国代表大会上的报告中，牢牢把握的"五个重大原则"是什么？

坚持和加强党的全面领导；坚持中国特色社会主义道路；坚持以人民为中心的发展思想；坚持深化改革开放；坚持发扬斗争精神。

13. 在中国共产党第二十次全国代表大会上的报告中，十年来，对党和人民事业具有重大现实意义和深远意义的三件大事是什么？

一是迎来中国共产党成立一百周年，二是中国特色社会主义进入新时代，三是完成脱贫攻坚、全面建成小康社会的历史任务，实现第一个百年奋斗目标。

14. 在中国共产党第二十次全国代表大会上的报告中，坚持"五个必由之路"的内容是什么？

全党必须牢记，坚持党的全面领导是坚持和发展中国特色社会主义的必由之路，中国特色社会主义是实现中华民族伟大复兴的必由之路，团结奋斗是中国人民创造历史伟业的必由之路，贯彻新发展理念是新时代我国发展壮大的必由之路，全面从严治党是党永葆生机活力、走好新的赶考之路的必由之路。

职业道德

（一）名词解释

1. **道德**：是调节个人与自我、他人、社会和自然界之间关系的行为规范的总和。

2. **职业道德**：是同人们的职业活动紧密联系的、符合职业特点所要求的道德准则、道德情操与道德品质的总和。

3. **爱岗敬业**：爱岗就是热爱自己的工作岗位，热爱自己从事的职业；敬业就是以恭敬、严肃、负责的态度对待工作，一丝不苟，兢兢业业，专心致志。

4. **诚实守信**：诚实就是真心诚意，实事求是，不虚假，不欺诈；守信就是遵守承诺，讲究信用，注重质量和信誉。

5. **劳动纪律**：是用人单位为形成和维持生产经营秩序，保证劳动合同得以履行，要求全体员工在集体劳动、工作、生活过程中，以及与劳动、工作紧密相关的其他过程中必须共同遵守的规则。

6. **团结互助**：指在人与人之间的关系中，为了实现共同的利益和目标，互相帮助，互相支持，团结协作，共同发展。

（二）问答

1. 社会主义精神文明建设的根本任务是什么？

适应社会主义现代化建设的需要，培育有理想、有道德、有文化、有纪律的社会主义公民，提高整个中华民族的思想道德素质和科学文化素质。

2. 我国社会主义道德建设的基本要求是什么？

爱祖国、爱人民、爱劳动、爱科学、爱社会主义。

3. 为什么要遵守职业道德？

职业道德是社会道德体系的重要组成部分，它一方面具有社会道德的一般作用，另一方面它又具有自身的特殊作用，具体表现在：（1）调节职业交往中从业人员内部以及从业人员与服务对象间的关系。（2）有助于维护和提高本行业的信誉。（3）促进本行业的发展。（4）有助于提高全社会的道德水平。

4. 爱岗敬业的基本要求是什么？

（1）要乐业。乐业就是从内心里热爱并热心于自己所从事的职业和岗位，把干好工作当作最快乐的事，做到其乐融融。（2）要勤业。勤业是指忠于职守，认真负责，刻苦勤奋，不懈努力。（3）要精业。精业是指对本职工作业务纯熟，精益求精，力求使自己的技能不断提高，使自己的工作成果尽善尽美，不断地有所进步、有所发明、有所创造。

5. 诚实守信的基本要求是什么？

（1）要诚信无欺。（2）要讲究质量。（3）要信守合同。

6. 职业纪律的重要性是什么？

职业纪律影响企业的形象，关系企业的成败。遵守职业纪律是企业选择员工的重要标准，关系到员工个人事业成功与发展。

7. 合作的重要性是什么？

合作是企业生产经营顺利实施的内在要求，是从业人员汲取智慧和力量的重要手段，是打造优秀团队的有效途径。

8. 奉献的重要性是什么？

奉献是企业发展的保障，是从业人员履行职业责任的必由之路，有助于创造良好的工作环境，是从业人员实现职业理想的途径。

9. 奉献的基本要求是什么？

（1）尽职尽责。要明确岗位职责，培养职责情感，全力以赴工作。（2）尊重集体。以企业利益为重，正确对待个人利益，树立职业理想。（3）为人民服务。树立为人民服务的意识，培育为人民服务的荣誉感，提高为人民服务的本领。

10. 企业员工应具备的职业素养是什么？

诚实守信、爱岗敬业、团结互助、文明礼貌、办事公道、勤劳节俭、开拓创新。

11. 培养"四有"职工队伍的主要内容是什么？

有理想、有道德、有文化、有纪律。

12. 如何做到团结互助？

（1）具备强烈的归属感。（2）参与和分享。（3）平等尊重。（4）信任。（5）协同合作。（6）顾全大局。

13. 职业道德行为养成的途径和方法是什么？

（1）在日常生活中培养。从小事做起，严格遵守行为规范；从自我做起，自觉养成良好习惯。（2）在专业学习中训练。增强职业意识，遵守职业规范；重视技能训练，提高职业素养。（3）在社会实践中体验。参加社会实践，培养职业道德；学做结合，知行统一。（4）在自我修养中提高。体验生活，经常进行"内省"；学习榜样，努力做到"慎独"。（5）在职业活动中强化。将职业道德知识内化为信念；将职业道德信念外化为行为。

14. 员工违规行为处理工作应当坚持的原则是什么？

（1）依法依规、违规必究；（2）业务主导、分级负责；（3）实事求是、客观公正；（4）惩教结合、强化预防。

15. 对员工的奖励包括哪几种？

奖励种类包括通报表彰、记功、记大功、授予荣誉称号、成果性奖励等。在给予上述奖励时，可以是一定的物质奖励。物质奖励可以给予一次性现金奖励（奖金）或实物奖励，也可根据需要安排一定时间的带薪休假。

16. 员工违规行为处理的方式包括哪几种？

员工违规行为处理方式分为：警示诫勉、组织处理、处分、经济处罚、禁入限制。

17.《中国石油天然气集团公司反违章禁令》有哪些规定？

为进一步规范员工安全行为，防止和杜绝"三违"现象，保障员工生命安全和企业生产经营的顺利进行，特制定本禁令。

一、严禁特种作业无有效操作证人员上岗操作；

二、严禁违反操作规程操作；

三、严禁无票证从事危险作业；

四、严禁脱岗、睡岗和酒后上岗；

五、严禁违反规定运输民爆物品、放射源和危险化学品；

六、严禁违章指挥、强令他人违章作业。

员工违反上述禁令，给予行政处分；造成事故的，解除劳动合同。

第二部分
基本知识

 专业知识

（一）名词解释

1. **相序**：就是三相电源相位的顺序，是三相交流电在某一确定的时间 t 内到达最大值的先后顺序。

2. **电动势**：电源中非静电力对电荷做功的能力称为电动势，在数值上等于非静电力把单位正电荷从低电位推到高电位所做的功。

3. **电流**：电荷有规则的定向运动称为电流，用符号"I"来表示。

4. **电压**：电路中两点间的电位差称为电压，用符号"U"来表示。

5. **电阻**：导体对电流的阻碍作用称为电阻，用符号"R"来表示。

6. **磁场**：在磁铁周围的空间存在一种特殊物质，它表现为一种力的作用，这种特殊物质称为磁场。

7. **自感**：由于线圈本身的电流变化，而在线圈内部产生的电磁感应现象称为自感。

8. 互感：一个线圈中有电流流过，在两线圈之间引起磁力线交链的电磁感应现象称为互感。

9. 正弦交流电：电流、电压及电动势的大小和方向都随着时间按正弦函数规律变化的交流电，称为正弦交流电。

10. 三相交流电：由三个频率相同、电动势振幅相等、相位互差120°电角度的交流电路组成的电力系统，称为三相交流电。

11. 对称三相负载：三相负载的每相复阻抗相等，即 $Z_A=Z_B=Z_C$（Z_A、Z_B、Z_C 分别表示 A 相、B 相、C 相的复阻抗），这样的三相负载称为对称三相负载。

12. 星形连接：星形连接也称 Y 接法。将三相绕组的末端连在一起，从始端分别引出导线，这就是星形连接。

13. 三角形连接：三角形连接也称△接法，把一相绕组的末端与邻相绕组的始端顺次连接起来，形成一个闭合的三角形，再从三个连接点引出三根端线，这种连接方法称三角形连接。

14. 三相三线制：接成星形或三角形的三相电源，向输电线路引出三根相线的接线方式，称为三相三线制。

15. 三相四线制：接成星形的三相电源，向输电线路引出三根相线及一根中线的接线方式，称为三相四线制。

16. 三相五线制：接成星形的三相电源，向输电线路引出三根相线及两根中线，其中一根中线作为保护中线（通常称为保护线，用 PE 表示）的接线方式，称为三相五线制。

17. 相电压：三相电路中，相线与中性线之间的电压称为相电压。

18. 线电压：三相电路中，相线与相线之间的电压称为线电压。

19. **相电流**：三相电路中，流过每根相线的电流称为相电流。

20. **线电流**：三相电路中，流过每根端线的电流称为线电流。

21. **额定电压**：是指电气设备长时间、连续运行时所能承受的工作电压。

22. **额定电流**：是指电气设备允许长期通过的工作电流。

23. **额定容量**：是指电气设备在厂家铭牌规定的条件下，以额定电压、电流连续运行时所输送的容量。

24. **电功率**：单位时间内电流所做的功称为电功率。

25. **有功功率**：在交流电路中，电源在一个周期内发出瞬时功率的平均值（或负载电阻所消耗的功率），称为有功功率，用符号"P"来表示。

26. **无功功率**：与电源交换能量的功率值称为无功功率，数值上等于视在功率与有功功率平方差的算术平方根，用符号"Q"来表示。

27. **视在功率**：在具有电阻和电抗的电路中，电压与电流的乘积称为视在功率，用符号"S"来表示。

28. **无功补偿**：无功补偿电源装置的简称，指为满足电力网和负荷端电压水平及经济运行的要求，必须在电力网内和负荷端设置的无功电源装置，如电容器、调相机。

29. **功率因数**：在交流电路中，电压与电流之间的相位差（ϕ）的余弦称为功率因数，用符号 $\cos\phi$ 表示，在数值上，功率因数是有功功率和视在功率的比值，即 $\cos\phi=P/S$。

30. **电工仪表**：测量各种电量及电路参数的仪器、仪表称为电工仪表。

31.**电工仪表的准确度等级**：仪表在规定的工作条件下，在仪表标尺工作部分的全部分度线上，可能出现的最大基本误差与仪器满标值比值的百分数。因此，仪表的准确度等级是由其基本误差的大小决定的。

32.**运用中的电气设备**：是指全部带有电压或一部分带有电压及一经操作即带有电压的电气设备。

33.**电气设备的热备用状态**：指设备的断路器在"分闸"位置，而刀闸在"合闸"位置或手车在运行位置。断路器一经合闸设备即投入运行。

34.**电气设备的冷备用状态**：指设备本身无异常，但设备的断路器、刀闸均在"分闸"位置或手车不在运行位置。

35.**电气设备的检修状态**：指设备所有的断路器、刀闸均在"分闸"位置或手车在检修位置，且已挂好保护接地线或合上接地刀闸，并挂好警示牌，装好临时遮栏。

36.**配电装置**：用来接受和分配电能的电气设备称为配电装置。

37.**断路器**：指能开断、关合和承载运行线路的正常电流，并能在规定时间内承载、关合和开断规定的异常电流（如短路电流）的电气设备，通常也称为开关。断路器又分为高压断路器和低压断路器。

38.**隔离开关**：在分位置时，触头间有符合规定要求的绝缘距离和明显的断开标志；在合位置时，能承载正常回路条件下的电流及在规定时间内异常条件（例如短路）下的电流的开关设备。

39.**负荷开关**：负荷开关的构造与隔离开关相似，只是加装了简单的灭弧装置。它也是有一个明显的断开点，有一定的断流能力，可以带负荷操作，但不能直接断开短路电流，如果需要，要依靠与它串接的高压熔断器来实现。

40.母线：电气母线是汇集和分配电能的通路设备，它决定了配电装置设备的数量，并表明以什么方式来连接发电机、变压器和线路，以及怎样与系统连接来完成输配电任务。

41.避雷器：能释放雷电或兼能释放电力系统操作过电压能量，保护电气设备免受瞬时过电压危害，又能截断续流，不致引起系统接地短路的电气装置。

42.环网柜：在工矿企业、住宅小区、港口和高层建筑等交流 10kV 配电系统中，因负载容量不大，其高压回路通常采用负荷开关或真空接触器控制，并配有高压熔断器保护。该系统通常采用环形网供电，所使用高压开关柜一般习惯上称为环网柜。

43.箱式变电站：是一种将高压开关设备、配电变压器和低压配电装置按一定接线方案排成一体的工厂预制户内、户外紧凑式配电设备。它将高压受电、变压器降压、低压配电等功能有机地组合在一起，安装在一个防潮、防锈、防尘、防鼠、防火、防盗、隔热、全封闭、可移动的钢结构箱体内，机电一体化，全封闭运行，特别适用于城网建设与改造，是继土建变电站之后崛起的一种崭新的变电站。

44.变压器：是一种静止的电气设备，是用来将某一数值的交流电压变成频率相同的另一种或几种数值不同的电压的设备。

45.连接组别：表示变压器一、二次绕组的连接方式及线电压之间的相位差，以时钟表示法表示。

46.变压器的分接开关：为了提高电压质量，使变压器能够有一个额定的输出电压，通常是通过改变变压器一次绕组分接抽头的位置实现调压的。连接及切换分接抽头的装置称为分接开关，它是通过改变变压器绕组的匝数来改变变压器的变比从而实现调整电压的目的。

47. **阻抗电压**：变压器一侧绕组短路，另一侧绕组达到额定电流时所施加的电压与额定电压比值的百分数称为阻抗电压，也称为短路电压。

48. **变压器的空载电流**：当变压器的二次绕组开路，在一次绕组施加额定频率正弦波形的额定电压时，通过一次绕组的电流。

49. **空载损耗**：当变压器二次绕组开路，一次绕组施加额定频率正弦波形的额定电压时，所消耗的有功功率。

50. **电力系统的负荷**：连接在电力系统上的一切用电设备所消耗的电能称为电力系统的负荷。

51. **负荷率**：是指在一定时间内，用电的平均有功负荷和最高有功负荷之比的百分数。

52. **变压器的过负荷能力**：指变压器在不损坏变压器线圈的绝缘和不降低变压器使用寿命的条件下，在较短时间内所能输出最大的容量它可能大于变压器的额定容量。变压器的过负荷能力分正常过负荷能力和事故过负荷能力两种。

53. **变压器的经济负载**：使变压器运行在单位容量的有功损耗换算值为最小的负载称为经济负载。

54. **电流互感器**：是依据电磁感应原理，将一次侧大电流转换成二次侧小电流来测量的仪器。电流互感器是由闭合的铁芯和绕组组成。它的一次侧绕组匝数很少，串在需要测量的电流的线路中，二次侧绕组匝数较多，串接在测量仪表和保护回路中。

55. **电流互感器的同极性端**：电流互感器一次电流的流

入端 L_1 与二次电流的流出端 K_1 或一次电流的流出端 L_2 和二次电流的流入端 K_2 称为同极性端。

56.电压互感器：是一种电压变换装置。它将高电压变换为低电压，以便用低压量值反映高压量值的变化。因此，通过电压互感器可以直接用普通电气仪表进行电压测量。

57.电动机：是把电能转换成机械能的一种设备。它利用通电线圈（也就是定子绕组）产生旋转磁场并作用于转子（如笼式闭合铝框）形成磁电动力旋转扭矩。

58.定子：是电动机或发电机静止不动的部分。定子由定子铁芯、定子绕组和机座三部分组成。

59.转子：电动机转子就是电动机中旋转的部分，它的作用是输出转矩。

60.多功能电能表：凡是由测量单元和数据处理单元等组成，除计量有功、无功电能外，还具有分时、测量需量等两种以上功能，并能显示、储存和输出数据的电能表，统称为多功能电能表。

61.中性点：在三相绕组的星形连接中，三个绕组末端连接在一起的公共点"O"，称为中性点。

62.中性点位移：中性点接有消弧线圈的电力系统运行时，或中性点不接地系统发生故障时，系统中性点对地电位出现异常升高的现象。

63.谐波：频率为基波频率整倍数的一种正弦波称为谐波。

64.接地：在电力系统中，将电气设备和用电装置的中性点、外壳或支架与接地装置用导体良好地连接起来，称为接地。

65.工作接地：在正常情况下，为了保证电气设备可靠运行，必须将电力系统中某一点接地时，称为工作接地。如某些变压器低压侧的中性点接地即为工作接地。

66. 接地电阻：是指电气设备接地部分的对地电压与接地电流的比值。

67. 对地电压：为带电体与大地零电位之间的电位差。

68. 跨步电压：当电气设备发生接地故障，接地电流通过接地体向大地流散，在地面上形成电位分布时，若有人在接地点周围行走，其两脚之间的电位差，就是跨步电压。

69. 直击雷过电压：雷电直接击中电气设备的导电部分而引起的过电压称为直击雷过电压。

70. 感应雷过电压：雷电击中地面其他物体时，其附近电气设备虽然未遭雷击，但在放电过程中空间磁场急剧变化，也会感应出很高的过电压，这种过电压称为感应雷过电压。

71. 电气接线图：按照国家有关电气技术标准，使用电气系统图形符号和文字符号，表示电气装置中的各元件及相互联系的工程图，称为电气接线图。

72. PT100 热电阻：PT100 是铂热电阻，它的阻值跟温度的变化成正比。PT100 的阻值与温度变化关系为：当 PT100 温度为 0℃ 时它的阻值为 100Ω，它的阻值会随着温度上升而匀速增长。

73. 热电偶：是一种感温元件，是一次仪表，它直接测量温度，并把温度信号转换成热电动势信号，再通过电气仪表（二次仪表）转换成被测介质的温度。

74. 压力变送器：是一种将压力转换成电动信号进行控制和远传的设备。它能将测压元件传感器感受到的气体、液体等物理压力参数转变成标准的电信号（如 4 ～ 20mA DC

等），以供给指示报警仪、记录仪、调节器等二次仪表进行测量、指示和过程调节。

75. 多功能数字显示仪表：多功能数字显示仪表是一种具有可编程测量、显示、数字通信、变送输出等多功能智能仪表。

76. PLC：可编程逻辑控制器（英文简称PLC）是一种专门为在工业环境下应用而设计的数字运算操作电子系统。它采用一种可编程的存储器，在其内部存储执行逻辑运算、顺序控制、定时、计数和算术运算等操作的指令，通过数字式或模拟式的输入输出来控制各种类型的机械设备或生产过程。

77. 变频器：把电压和频率固定不变的交流电，变换为电压和频率可变的交流电的装置。

78. 太阳能光伏发电系统：利用光伏阵列将太阳辐射能直接转换为电能的发电系统，统称为太阳能光伏发电系统。

79. 离网光伏电站：主要由光伏组件、控制器、蓄电池等组成。若要为交流负载供电，还需要配置逆变器。离网光伏电站适用于无电网供电或电网电力不稳定的地区。

80. 并网光伏电站：由光伏阵列、直流汇流箱、直流配电柜、并网逆变器、交流配电柜、配电升压装置、光伏电站运维管理系统等组成，最终与电网连接。

81. 集中式并网光伏电站：是一类充分利用荒漠、山丘等拥有丰富和相对稳定的太阳能资源的地面所构建的大型并网光伏电站，该类光伏电站将太阳能通过光伏组件转化为直流电，再通过直流汇流箱和直流配电柜将直流电送入集中式并网逆变器，集中式并网逆变器再将直流电能转化为与电网同频率、同相位的交流电后经高压配电系统并入电网。

82. **分布式并网光伏电站**：是指利用分散式资源、装机规模较小的、布置在用户附近的、将太阳能直接转换为电能的发电系统。它一般接入低于 35kV 电压等级的电网。

83. **光伏逆变器**：简称逆变器。逆变是与整流相反的过程，是将直流电能变换成交流电能的过程。光伏逆变器则是指用来完成逆变功能的电路或用来实现逆变过程的装置。

（二）问答

1. 电力负荷按其性质分类有何不同？

电力负荷按性质的不同，可分为有功负荷和无功负荷两大类。

（1）有功负荷：指在电能与其他形式能量相互转换的过程中真正消耗掉的功率。如发电厂中，发电机组真正做功把机械能转换为电能所消耗的功率，称为发电机组的有功功率；用户电气设备把电能转换为其他形式的能量（如机械能、光能、热能等），真正带动其负载做功所消耗的功率，称为用户电气设备的有功负荷。

（2）无功负荷：大部分用电设备（如变压器、电动机等）都是根据电磁感应原理工作的，这些设备都是采用由绕组和铁芯组成的"电磁元件"结构。用电设备工作时在电磁元件中建立电磁场所需用的电功率，称为无功负荷。

（3）有功负荷用 P 表示，其单位一般用千瓦（kW）表示；无功负荷用 Q 表示，其单位一般用千乏（kvar）表示。

由公式 $S = \sqrt{P^2 + Q^2}$ 可知，有功功率和无功功率的矢量和称为视在功率，用 S 表示，其单位一般用千伏安（kV·A）表示。

2.《供电营业规则》对低压三相四线制供电有何规定？

用户用电设备容量在 100kW 及以下或需用变压器容量在 50kV·A 以下者，可采用低压三相四线制供电。负荷密度较高的地区，经过技术经济比较，采用低压供电的技术经济性明显优于高压供电时，低压供电的容量界限可适当提高，具体容量界限，由省电网经营企业规定。

3.《供电营业规则》对低压 220V 供电有何规定？

用户单相用电设备总容量不足 10kW 的可采用低压 220V 供电，但有单台设备容量超过 1kW 的单相电焊机，换流设备时，用户必须采取有效技术措施以消除对电能质量的影响，否则应改为其他供电方式。

4. 星形及三角形连接中，相电压、线电压、电流的关系如何？

（1）在星形连接中，由于流过每相绕组或负载的电流就是流过相线的电流，所以线电流等于相电流；而线电压超前于相电压 $30°$，线电压的有效值是相电压有效值的 $\sqrt{3}$ 倍。

（2）在三角形连接中，每相绕组两端的电压就是线电压，所以相电压等于线电压；而线电流滞后于相电流 $30°$，线电流的有效值是相电流有效值的 $\sqrt{3}$ 倍。

5. 提高负荷率有什么好处？

负荷率是反应发电、供电、用电设备是否得到充分利用的重要的技术指标之一。提高负荷率，不仅使用电单位的用电达到经济合理，而且也为整个电网的安全经济运行创造了条件。

6. 提高电网负载的功率因数对电网有什么影响？

提高电网负载的功率因数后，可以提高电源设备容量的利用率，同时能减少输电线路的电压损失和电能损耗。

7. 我国供电电压允许偏差的范围是如何规定的？

《电能质量 供电电压偏差》（GB/T 12325—2008）中规定：（1）35kV 及以上供电电压正、负偏差的绝对值之和不超过额定电压的 10%。（2）20kV 及以下三相供电电压偏差为额定电压的 ±7%。（3）220V 单相供电电压允许偏差为额定电压的 +7% ～ -10%。

8. 改善供电线路电压偏差的主要措施有哪些？

（1）正确选择变压器变比和电压分接头。（2）合理减少线路阻抗。（3）提高自然功率因数，合理进行无功补偿并按电压与负荷变化自动投切无功补偿装置。（4）根据电力系统潮流分布，及时调整运行方式。（5）采用有载调压手段，实时调整供电电压。

9. 电网谐波来源于哪些设备？

电网谐波来源于非线性用电设备。非线性用电设备主要有以下四大类：（1）电弧加热设备，如电弧炉、电焊机等。（2）交流整流的直流用电设备，如电力机车、电解、电镀等。（3）交流整流再逆变用电设备，如变频调速、变频空调等。（4）开关电源设备，如中频炉、彩色电视机、电脑、电子整流器等。

10. 短路会造成什么后果？

短路会造成电气设备的过热，甚至烧毁电气设备，引起火灾，同时，短路电流还会产生很大的电动力，造成电气设备的损坏，严重的短路事故甚至还会破坏系统稳定，所以对运行中的电气设备应采取一定的保护措施。

11. 电工仪表的型号含义是什么？

电工仪表的型号可以反映出仪表的用途、作用及原理等。安装式仪表型号的组成如图 1 所示。

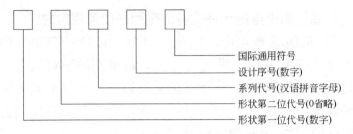

图 1　安装式仪表的型号含义

　　形状第一位代号按仪表的面板形状最大尺寸编制。形状第二位代号按仪表的外壳尺寸编制。系列代号按仪表的工作原理的系列编制，如磁电系代号为"C"、电磁系代号为"T"、电动系代号为"D"、感应系代号为"G"、整流系代号为"L"、静电系代号为"Q"、电子系代号为"Z"等。例如，44C2-V 形电压表，其中"44"为形状代号，"C"为磁电系仪表，"2"为设计序号，"V"表示用于电压测量。

　　便携式指示仪表不用形状代号，它的第一位代号为组别号，用来表示仪表的各类系列，其他部分则与安装式仪表相同。例如，T62-A 形电流表，其中"T"表示电磁系仪表，"62"为设计序号，"A"表示用于电流测量。

　　还有一些指示仪表的型号，在组别号前加一个汉语拼音字母来表示类型号，如电能表用 D、电桥用 Q、数字表用 P 等表示。例如，DD28 型电能表，其中"DD"表示单相，"28"表示设计序号。

12. 使用钳形电流表测电流应注意哪些问题？

　　(1) 被测导线的电压不能超过钳形电流表的电压等级。(2) 人体各部与裸露带电部分要保持足够的安全距离。(3) 测量低压母线电流时，如果各相之间安全距离不够，测量前应将各相母线测量处用绝缘材料加以包缠隔离保护。

（4）被测电流无法估计时，应将转换开关置于最高量程挡进行粗测。（5）钳形电流表测量过程中，绝对不能换挡。应张开钳口从导线退出，然后才可调节量程挡。（6）导线应置于钳口中央，动静铁芯钳口应接触好。（7）绝对不能用低压钳形电流表测量高压设备电流。（8）在潮湿的地方或雷雨天气不宜进行测量。（9）钳形电流表每次测完后，要把量程转换开关拨至最大挡位上。

13. 使用数字万用表应注意哪些问题？

（1）如果无法预先估计被测电压或电流的大小，应先拨至最高量程挡测量一次，再视情况逐渐把量程减小到合适位置。测量完毕，应将量程开关拨到交流最高电压挡，并关闭电源。（2）满量程时，仪表仅在最高位显示数字"1"，其他位均消失，这时应选择更高的量程。（3）测量电压时，应将数字万用表与被测电路并联。测电流时应与被测电路串联，测直流电时不必考虑正、负极性。（4）交、直流电压的测量，挡位置于 ACV 或 DCV 的合适量程，勿使仪表过载。严禁将表笔插错，两只表笔应并联在被测电路上使用。（5）当误用交流电压挡去测量直流电压，或者误用直流电压挡去测量交流电压时，显示屏将显示"000"，或低位上的数字出现跳动。（6）测量交、直流电流前，挡位置于 DCA 或 ACA 的合适位置；切勿选错量程，如不知被测电流大小，可先放在最大量程，然后再逐渐转换到合适的量程上。红表笔插入 A 孔（电流≤200mA）或 10A 孔（电流＞200mA）内，黑表笔应插入 COM 孔内。两只表笔应串联在被测电路上，不可并联在电路上。测完后，应断开电源，并将红表笔从电流插孔中拔出，插入电压孔内。（7）测量电阻前，挡位置于（0HM）Ω 范围内的合适量程。红表笔（正极）插入 V/Ω 孔内，黑表笔（负极）应插入 COM 孔中，测量电阻超出时，则显示"1"，测量小电阻时，要记录引线电阻的影响。（8）测量电容器容值前，如被测量电容器容值较大，需先将被测电容两极短路放电，测量时两手禁止触碰电容的电极引线或表笔的金属端，否则将跳数或过载。挡位置于 CAP 处，被测电容两极分别插入两电容插孔中，待数值稳定后读数。（9）测量有极性的电子元件时要注意表笔极性，数字的交流电压挡只能直接测量低频正弦电压。（10）在测量高电压（250V 以上）或大电流（0.5A 以上）时禁止换量程，以防止产生电弧，烧毁开关触点。（11）当显示"—""BATT"或"LOWBAT"时，表示电池电压过低，需更换表内电池。

14. 使用兆欧表应注意哪些问题？

（1）测量前必须将被测设备电源切断，并对地短路放电，决不允许设备带电进行测量，以保证人身和设备的安全。（2）对可能感应出高压电的设备，必须消除这种可能性后，才能进行测量。（3）被测物表面要清洁，减少接触电阻，确保测量结果的准确性。（4）测量前要检查兆欧表是否处于正常工作状态，主要检查其"0"和"∞"两点，即摇动手柄，使电机达到额定转速，兆欧表"L""E"在短路时指针应指在"0"位置，开路时指针应指在"∞"位置。（5）兆欧表引线应用多股软铜线，而且应有良好的绝缘。（6）在被测设备的感应电压超过 12V（如不能全部停电的双回路架空线路和母线，或当雷雨发生时的架空线路及与架空线路相连接的电气设备）时，禁止进行测量。（7）兆欧表使用时应放在平稳、牢固的地方，且远离外部的大电流导体，防止电磁干扰。

15. 电力电缆主要由哪几部分组成？各部分作用如何？

电力电缆一般由导电线芯、绝缘层和保护层三个主要部分组成。导电线芯主要用作导电，绝缘层用于各导电线芯之间的绝缘，保护层主要是防止来自外力的伤害和一些自然界的侵蚀。

16. 电缆头有哪几种？

电缆头按所在电缆的位置可分为两种：一种为连接两条电缆的中间接头，另一种为电缆的终端头。电缆头按安装场所分为户外电缆头和户内电缆头；按制作方法分为干包电缆头、冷缩电缆头、热缩电缆头。

17. 低压四芯电缆中性线有什么作用？

低压四芯电缆的中性线除了作为保护接地外，还担负着通过三相不平衡电流的作用。有时不平衡电流的幅值比较大，故中性线截面积为相线截面的 30% ～ 60%，不允许采用三芯电缆外加一根导线做中性线的敷设方法。因为这样会使三相不平衡电流通过三相电缆而使其钢铠因电磁感应而发热，降低电缆的载流能力。

18. 电力电缆具有哪些优点？

（1）电力电缆一般埋于土壤中或敷设于室内、沟道、竖井中，因此不用杆塔，不占用地面空间。（2）受气候条件和周围环境影响小，传输性能稳定。（3）有很长的使用寿命（一般长达 30—40 年或更长），安装敷设位置隐蔽，又较少进行维护，安全性高。

19. 哪些地方不适合敷设电缆？

（1）有水或潮湿的地方。（2）地下埋设物复杂区。（3）发散腐蚀性溶液的地方。（4）规划的建筑物区或时常挖掘的地方。（5）制造或储藏容易爆炸或易燃烧的危险场所。

20. 常用电缆线芯截面规格有哪些？

$1mm^2$、$1.5mm^2$、$2.5mm^2$、$4mm^2$、$6mm^2$、$10mm^2$、$16mm^2$、$25mm^2$、$35mm^2$、$50mm^2$、$70mm^2$、$95mm^2$、$120mm^2$、$150mm^2$、$185mm^2$。

21. 常用导线的安全载流量为多少安培？

常用导线的安全载流量见表 1 至表 5。

表 1　橡皮或塑料绝缘电力电缆埋地时载流量表（500V）

标称截面，mm^2	铜芯，电缆的安全载流量，A			铝芯，电缆的安全载流量，A		
	单芯	二芯	三芯	单芯	二芯	三芯
2.5（1.5）	48	39	34	38	30	26
4（2.5）	64	49	44	50	37	34
6（4）	80	62	53	64	49	41
10（6）	111	94	80	87	71	62
16（6）	148	120	102	115	94	80
25（10）	191	156	134	150	120	102
35（10）	232	187	160	182	143	125
50（16）	289	236	200	227	183	156
70（25）	348	285	245	273	218	187
90（35）	413	344	294	323	262	227
120（35）	471	396	344	369	302	263

注：标称截面一栏，括号内数字为四芯电力电缆中性线截面积。表中所列均为交流值。

表2　LJ裸铝绞线载流量表

规格，mm（根数×线径）	标称截面，mm²	直流电阻（20℃），Ω/km	质量，kg/km	安全载流量，A
7×1.70	16	1.847	44	105
7×2.12	25	1.188	68	135
7×2.50	35	0.854	95	170
7×3.00	50	0.593	136	212
7×3.55	70	0.424	191	265

表3　橡皮或塑料绝缘线安全载流量（单根）

规格，mm	标称截面，mm²	安全载流量，A			
		BX	BLX	BV	BLV
1×1.13	1	20		18	
1×1.37	1.5	25		22	
1×1.76	2.5	33	25	30	23
1×2.24	4	42	33	40	30
1×2.73	6	55	42	50	40
7×1.33	10	80	55	75	55
7×1.76	16	105	80	100	75
7×2.12	25	140	105	130	100
7×2.50	35	170	140	160	125
19×1.83	50	225	170	205	150
19×2.14	75	280	225	255	185
19×2.50	95	340	280	320	240

表4　TMY、LMY 母排载流量表

规格，mm	标称截面，mm^2	重量，kg/m		安全载流量，A	
		TMY	LMY	TMY	LMY
25×3	75	0.688	0.208	340（300）	265（230）
30×3	90	0.8	0.234	405（360）	305（265）
30×4	120	1.006	0.324	475（415）	370（325）
40×4	160	1.424	0.432	625（550）	480（425）
40×5	200	1.78	0.54	700（620）	545（480）
50×5	250	2.225	0.675	860（760）	670（590）
50×6	300	2.67	0.81	955（840）	745（655）
60×6	360	3.204	0.972	1125（990）	880（775）
60×8	480	4.272	1.295	1320（1160）	1040（910）
60×10	600	5.34	1.62	1525（1350）	1180（1030）
80×8	640	5.696	1.728	1755（1540）	1355（1190）
80×10	800	7.12	2.16	1900（1750）	1540（1350）

注：TMY（LMY）分别为铜（铝）母汇流排，表中所标示为当周围空气温度为25℃、母排极限温升为70℃时的直流负荷极限载流量，括号内数字为温度为35℃时的直流负荷安全载流量值。

表5　塑料绝缘铜导线安全载流量

截面, mm²	明线敷设，安全载流量，A		穿管敷设（二线），安全载流量，A		穿管敷设（三、四线），安全载流量，A	
	PVC	XLPE	PVC	XLPE	PVC	XLPE
1.5	25	—	17	22	15	19
2.5	33	—	23	30	20	27
4	43	—	30	40	26	36
6	56	—	39	52	34	46
10	77	—	54	72	47	63
16	105	—	71	96	64	84
25	137	175	95	128	84	112
35	170	217	118	157	103	138
50	206	264	142	190	126	168
70	264	339	180	243	161	213
95	321	413	218	294	195	258
120	372	480	253	340	225	300
150	429	554	288	—	259	—
185	490	635	331	—	294	—
240	578	749	—	—	—	—
300	666	866	—	—	—	—
400	801	1041	—	—	—	—
500	923	1203	—	—	—	—

注：本表中的安全载流量是根据线芯允许长期工作温度为 PVC：70℃、XLPE：90℃及环境温度为35℃规定的。表中 PVC 为聚氯乙烯、XLPE 为交联聚乙烯。

22. 导线截面的选择有哪几种方法？

（1）根据允许电压损失选择导线截面。（2）根据允许电流来选择导线截面。（3）按经济电流密度选择导线截面。

23. 电缆截面的选择有哪几种方法？

（1）按经济电流密度选择电缆截面。（2）按长时允许电流选择电缆截面。（3）按短路热稳定校验选择电缆截面。（4）按电压损耗校验选择电缆截面。

24. 铜芯电缆与铝芯电缆有何区别？

（1）载流量不同。在相同截面积和条件下，铜芯电缆比铝芯电缆的允许载流量增加 30% 左右。（2）价格不同。铜芯电缆的价格是铝芯电缆的 1.4～2.2 倍。（3）可靠性不同。铜芯电缆比铝芯电缆连接可靠，安全性较高。

25. 铜、铝导线连接有哪些要求？

铜、铝导线直接连接时，由于这两种金属的化学性能不同，会产生电化腐蚀，严重时会使导线接头烧断而造成事故。所以这两种导线不应直接连接而应采用铜、铝过渡接头相连接。

26. 母线为什么要涂有色漆？其规定是什么？

母线涂有色漆一方面可以增加热辐射能力，便于导线散热。另一方面是为了便于区分三相交流母线的相别及直流母线的极性等。按我国规范规定，三相交流母线，A 相涂黄色，B 相涂绿色，C 相涂红色，中性线不接地时涂紫色，中性线接地时涂黑色。直流母线的正极涂褐色，负极涂蓝色。

另外，母线涂漆还能防止母线腐蚀，这对钢母线尤其重要。

27. 三种绝缘胶带的耐压强度是怎样规定的？

布绝缘胶带的耐压强度指的是在交流 1000V 电压下保持 1min 不击穿。塑料绝缘胶带的单层耐压强度指的是在交流 2000V 电压下持续 1min 不击穿。涤纶绝缘胶带的耐压强度指的是在交流 2500V 电压下持续 1min 不击穿。

28. 变压器是如何分类的？

变压器按用途可分为电力变压器、特种变压器和电子变压器。（1）电力变压器：它是电力系统中供电的主要设备，一般分为油浸式和干式两种。（2）特种变压器：它是指电力变压器以外，其他各种变压器（容量较大者）的统称。（3）电子变压器：它主要用于电子和自控系统中。

29. 干式变压器有哪几种？

干式变压器是指变压器的铁芯与绕组均不浸在变压器油中，而使用空气作为冷却介质的变压器。有环氧树脂绝缘干式变压器、气体绝缘干式变压器和 H 级绝缘干式变压器。

30. 变压器铭牌中的型号各代表什么含义？

变压器铭牌中的型号分两部分，前部分由汉语拼音组成，代表变压器的类别、结构、特征和用途；后一部分由数字组成，用以表示产品的容量（kV·A）和一次电压（kV）等级。

型号含义如下：

D——单相，在末位表示移动式；

S——在第一位表示三相，在第三、四位则代表三套绕组；

F——油浸风冷；

J——油浸自冷；

L——铝线圈或防雷；

P——强迫油循环；

T——调压器；

Z——有载调压；

G——干式；

O——自耦；

W——水冷。

31. 变压器并列运行的条件有哪些？

（1）电压比相同，允许相差 ±0.5%。（2）阻抗电压（短路电压）值相差 ±10%。（3）连接组别相同。（4）两台变压器的容量比不超过 3：1。（应具体计算后确定）。

32. 变压器的接地电阻是如何规定的？

100kV·A 及以上配电变压器的低压侧中性点工作接地电阻不大于 4Ω。100kV·A 以下配电变压器的低压侧中性点工作接地电阻不大于 10Ω。

33. 变压器温度表显示的是变压器哪个部位的温度？

变压器温度表显示的是变压器上层油温。

34. 油浸式变压器运行中温度有哪些规定？温度与温升有什么区别？

（1）变压器运行中上层油温最高不得超过 95℃，而在正常情况下，为使绝缘油不至于过速氧化，上层油温不应超过 85℃。对于采用强迫油循环水冷和风冷的变压器，上层油温不宜经常超过 75℃。（2）温度与温升的区别是：温升是指变压器上层油温减去环境温度。运行时的变压器在环境温度为 40℃时，其温升不得超过 55℃，运行中要以上层油温为准，温升是参考数据。（3）上层油温如果超过95℃，其内部绕组温度就要超过绕组绝缘物的耐热强度。为使绝缘不致迅速老化，所以规定了 85℃ 为上层油温监视界限。

35. 配电变压器分接开关的工作原理是什么？

电力变压器的分接开关是用来调节变压器输出电压的。变压器的高压绕组尾端设置了多个抽头，并将抽头接到分接开关上，通过分接开关与其他高压绕组尾端相连形成中性点。这样，可以通过分接开关与变压器绕组不同的抽头连接来改变变压器高低压绕组的匝数比，从而达到调节变压器输出电压的目的。

36. 配电变压器低压侧电压过高或过低时，应如何调节分接开关的挡位？

配电变压器分接开关调节挡位时，应根据输出电压高低，调节分接开关到相应位置。调节分接开关的基本原则是：当变压器输出电压低于允许值时，把分接开关位置由 1 挡调到 2 挡，或 2 挡调整到 3 挡。当变压器输出电压高于允许值时，把分接开关位置由 3 挡调到 2 挡，或 2 挡调整到 1 挡。调节挡位后用直流电桥测量各相绕组直流电阻值，若直流电阻值不合格，必须重新调整，否则运行后，动静触头会因接触不好而发热，甚至放电，损坏变压器。确认无误再送电，查看电压情况。

37. 配电变压器的气体继电器工作原理是什么？

当变压器内部出现匝间短路、绝缘损坏、接触不良、铁芯多点接地等故障时，都将产生大量的热能，使油分解出可燃性气体，向油枕方向流动。当流速超过气体继电器的整定值时，气体继电器的挡板就会受到冲击，使断路器跳闸，从而避免事故扩大，此为重瓦斯保护动作。当气体沿油面上升，聚集在气体继电器内部超过 30mL 时，也可以使气体继电器的信号接点接通，发出警报，此为轻瓦斯保护动作。

38. 如何防止运行中的电力变压器损坏？

（1）不能过载运行。（2）经常检验绝缘油质。（3）防止变压器铁芯绝缘老化损坏。（4）防止因检修不慎破坏绝缘。（5）保证导线接触良好。（6）防止雷击。（7）要安装可靠的短路保护。（8）保持接地良好。（9）通风和冷却。

39. 运行中的变压器，如何根据其发出的声音来判断运行情况？

变压器可以根据运行的声音来判断运行的情况。其方法是用听棒的一端顶在油箱上，另一端贴近耳边仔细听声音，如果是连续的"嗡嗡"声则说明变压器的运行正常。如果"嗡嗡"声比平常加重，要检查变压器的电压、电流和油温，看是否由于电压过高或超负荷引起，若无异状，则多是由于铁芯松动而引起。当听到"吱吱"声时，要检查套管表面是否有闪络现象。当听到"噼啪"声时，则是内部绝缘有击穿现象。

40. 变压器着火怎样处理？

变压器一旦着火，要按以下方法进行处理：（1）将变压器的油断路器、隔离开关和各种保护装置断开。（2）当油从上部溢出，要打开下部油门，将油位降低。（3）当油箱炸裂，应迅速将油箱中的油全部排出，并将残油燃烧的火焰扑灭。灭火时要使用不导电的二氧化碳、干粉、四氯化碳等灭火剂。禁止使用水或普通灭火器灭火。

41. 跌落式熔断器的主要作用有哪些？

跌落式熔断器主要用于保护配电变压器和架空配电线路的分支线路，还可以操作开断一定容量的变压器的空载电流、一定长度的中压配电线路的充电电流或一定容量的电容器组的电容电流。此外在用户变电站检修时，由于跌落式熔断器的断开点暴露在空气中明显可见，所以在变电站与供电线路之间起到隔离电源的作用。

42. 操作跌落式熔断器时，应注意什么？

（1）操作时应戴上护目镜，同时站好位置，操作时果断迅速，用力适度，防止冲击力操作瓷体。（2）拉开时，应按照中相、下风侧边相、上风侧边相的顺序进行操作；合上时，按上述相反的顺序进行。（3）不允许带负荷操作。

43. 为什么拉开跌落式熔断器要按中间相—下风相—上风相的顺序？

这是因为配电变压器由三相运行改为两相运行时，拉断中间相时所产生的电弧火花最小，不致造成相间短路；其次是拉断下风相，因为中间相已被拉开，下风相与上风相的距离增加了一倍，即使有过电压产生，造成相间短路的可能性也很小；最后拉断上风相时，仅有对地的电容电流，产生的电火花则已很轻微。

44. 电焊变压器的特点是什么？

电焊变压器是一种漏阻抗比较大的特殊降压变压器。电焊变压器的特点是输出电压具有陡降的特性：即空载时有足够的起弧电压（约60～70V），当输出线圈出口短路（即焊接）时，输出电压迅速降低，二次电流也不至于过大而烧毁变压器。

45. 三相异步电动机的工作原理是什么？

电动机是把电能转换成机械能的一种设备。当电动机的三相定子绕组（各相差120°电角度）通入三相对称交流电后，将产生一个旋转磁场，该旋转磁场切割转子绕组，从而在转子绕组中产生感应电流（转子绕组是闭合通路），载流的转子导体在定子旋转磁场作用下将产生电磁力，从而在电动机转轴上形成电磁转矩，驱动电动机旋转，并且电动机旋转方向与旋转磁场方向相同。

46. 电动机的型号 Y2-160M1-8 的含义是什么？

Y：表示异步电动机。

2：表示设计序号。

160：表示轴中心到机座平面高度。

M1：表示机座长度规格。

8：表示 8 极电动机。

47. 异步电动机几组常用公式是什么？

（1）异步电动机同步转速的计算：

$$n_1 = \frac{60 f_1}{p}$$

式中　n_1——同步转速，r/min；

　　　f_1——电源频率；

　　　p——极对数。

（2）异步电动机转差率的计算：

$$s = \frac{n_1 - n}{n_1}$$

式中　s——转差率；

　　　n——异步转速，r/min；

　　　n_1——同步转速，r/min。

（3）感应电动机的转速计算：

$$n = n_1(1-s) = \frac{60 f_1(1-s)}{p}$$

式中　s——转差率；

　　　n——异步转速，r/min；

　　　n_1——同步转速，r/min；

　　　f_1——电源频率；

　　　p——极对数。

（4）异步电动机转矩的计算：

$$T_N = 9550 \frac{P_N}{n_N}$$

式中　T_N——额定转矩，N·m；

　　　P_N——额定功率，kW；

　　　n_N——额定转速，r/min。

（5）感应电动机的功率计算：

$$（三相）\quad P_e = \sqrt{3}U_e I_e \cos\phi_e$$

式中　　P_e——额定功率，kW；

$\qquad U_e$——额定电压，kV；

$\qquad I_e$——额定电流，A；

$\qquad \cos\phi_e$——额定功率因数。

$$（单相）\quad P_e = U_\phi I_\phi \cos\phi_\phi$$

式中　　P_e——额定功率，kW；

$\qquad U_\phi$——额定相电压，kV；

$\qquad I_\phi$——额定电流，A；

$\qquad \cos\phi_\phi$——额定功率因数。

（6）三相异步电动机额定电流的估算。

额定电压为 220V：$I_e = 3.5P_N$；

额定电压为 380V：$I_e = 2P_N$。

（7）单相感应电动机额定电流的估算。

额定电压为 220V：$I_e = 8P_N$。

48. 异步电动机如何调速？

根据三相异步电动机的转速公式 $n = n_1(1-s) = \dfrac{60f_1(1-s)}{p}$ 可知，改变转差率 s、改变磁极对数 P、改变频率 f_1 均可实现对交流异步电动机的速度调节。

实际应用中，改变转差又可分为：转子串电阻调速、串级调速、调压调速（指定子绕组）等几种。

变极调速，通过改变异步电动机绕组的极对数来改变其同步转速，从而使转速得到调节。该方式为有级调速，异步电动机的转速不能连续变化，只应用于一些特殊的场合，只能达到大范围粗调的目的。

变频调速，由转速公式可知，三相异步电动机的同步转速 n_1 与定子电源的频率 f_1 成正比，如果能够连续改变电源的频率 f_1，可以改变旋转磁场的同步转速 n_1，从而达到调速的目的。如果电源频率 f_1 连续可调，则电动机的转速也连续可调。

49. 异步电动机如何启动？

电动机启动是指电动机接通电源后，由静止状态加速到稳定运行状态的过程。电力拖动系统对异步电动机的启动性能有以下要求：

（1）启动电流倍数 $K_i(K_i = I_{st}/I_n)$ 要小，以减少对电网的冲击。

（2）启动转矩倍数 $K_t(K_t = T_{st}/T_n)$ 足够大，以加速启动过程，缩短启动时间。

（3）启动过程中损耗要尽可能少。

（4）启动过程要平滑，启动设备要简单、经济、可靠、操作维护方便。

50. 异步电动机启动的方法有几种？

异步电动机的启动主要分为两种：直接启动和降压启动（也称减压启动）。降压启动又可分为：（1）定子绕组串电阻启动。（2）定子绕组串电抗器启动。（3）自耦变压器降压启动。（4）Y—△降压启动。（5）软启动器启动。（6）转子串电阻启动（用于绕线式异步电动机）。（7）转子串频敏变阻器启动（用于绕线式异步电动机）。（8）延边三角形启动。

51. 什么是软启动？

软启动就是运用串接于电源与被控电动机之间的软启动器，控制其内部晶闸管的导通角，使电动机输入电压从零以预设函数关系逐渐上升，电动机启动转矩逐渐增加，电动机转速也逐渐增加，直至启动结束，电动机全压运行。

52. 简述软启动器的工作原理？

如图 2 所示为晶闸管交流开关用于电动机软启动的主回路图。电动机启动时，由 6 个晶闸管构成的交流开关电路工作，控制电动机绕组电压按设定比率上升，当电枢电压升至额定值时，自动切换使交流开关停止工作，交流接触器投入工作。使用软启动器可以降低启动电流，减小对电网、机械负载传动装置以及电动机本身的冲击。

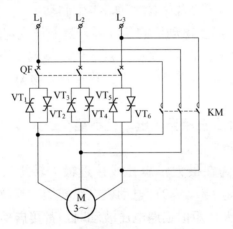

图 2　电动机软启动主回路图

53. 异步电动机如何制动？

如果三相异步电动机的电磁专柜 T 与转速 n 的方向相反时，那么电动机便处于制动状态。异步电动机制动时，电动机转矩 T 起反抗旋转的作用，T 为制动性转矩，此时电动机将从轴上吸收机械能，并把它转化成电能，而转化成的电能或回馈给电网，或者消耗在转子回路中。异步电动机制动有两个目的：（1）为了使拖动系统迅速减速及停车。这时，制动是指电动机从某一稳定转速下降到零的过程。（2）或者为限制位能性负载的下放速度。电动机的转矩 T 与负载转矩相平衡，系统保持匀速运行。

54. 三相异步电动机的制动形式有几种？

三相异步电动机的制动形式有两种，一种是机械制动，一种是电气制动。

机械制动常用的方法有：电磁抱闸和电磁离合器制动。

电气制动常用的方法有：（1）反接制动。（2）能耗制动。（3）回馈制动（又称发电制动、再生制动）。

55. 三相异步电动机的允许温升是怎样规定的？

电动机的允许温升是指在规定的环境温度下。电动机各部分允许超出的最高温度，即允许最高温度减去规定的环境温度。

56. 为什么三相异步电动机不能在最大转矩处或接近最大转矩处运行？

（1）因为在最大转矩处或接近最大转矩处运行时，电动机不能稳定工作。（2）电动机电磁转矩一旦超过最大转矩或虽接近最大转矩但临遇电压波动时，都可能引起电动机转速急剧下降，而停止下来。

57. 三相异步电动机运行时，为什么转子转速总是低于其同步转速？

三相交流异步电动机的转子转速总是低于其同步转速，这是因为：如果转子的转速和定子磁场速度相等时，则转子和旋转磁场相对静止，转子铝条不能切割磁场，在转子铝条上就没有感应电动势，也就没有电流，转子也就无力转起来。所以转子总要比定子的旋转磁场转得慢些才能切割磁场，在转子铝条上就有感应电动势，也就有电流，转子才能转起来，因此转速总是低于其同步转速。

58. 三相笼型异步电动机本身常见的电气故障有哪些？

（1）绕组接地。（2）绕组断路。（3）绕组短路。（4）绕组接错。（5）转子断条或端环断裂等。

59. 异步电动机超负荷运行会造成什么后果？

（1）异步电动机如果短时超负荷运行会使电动机转速下降，温升增高。（2）如果异步电动机超负荷运行时间过长，超载的电动机将从电网吸收大量的有功功率使电流迅速增大，超过电动机允许的额定电流，致使绝缘过热老化，甚至烧毁电动机。

60. 三相笼型异步电动机直接启动时启动电流很大的原因有哪些？启动电流大有何不良影响？

（1）三相异步电动机启动瞬间，转子转速为零，转差最大。（2）而使转子绕组中感应电流最大，从而使定子绕组中产生很大的启动电流。（3）启动电流过大将造成电网电压波动。（4）影响其他电气设备的正常运行。（5）同时电动机自身绕组严重发热，加速绝缘老化，缩短使用寿命。（6）对机械负载冲击较大。

61. 异步电动机修理后的试验项目有哪几种？

异步电动机修理后的试验项目有：（1）绕组绝缘电阻的测定。（2）绕组在冷态下的直流电阻测定。（3）进行空载试验。（4）绕组绝缘强度测定。

62. 三相异步电动机烧坏的原因主要有哪些？

三相异步电动机烧坏的原因主要有：（1）接线错误，如将 Y 形接成△形或将△形接成 Y 形。（2）长期超载运行。（3）定子与转子相摩擦。（4）定子绕组短路或绕组接地。（5）负载盘卡。（6）缺相。

63. 三相异步电动机绕组接线错误有哪几种情况？

三相异步电动机绕组接线错误的情况有：（1）某极相组中一只或几只线圈嵌反或者首尾接错。（2）极相组接反。（3）某相绕组接反。（4）多路并联绕组支路接错。（5）△、Y接法错误。

64. 绕组发生断路时，电动机常常出现哪些情况？

（1）一相绕组断路电动机便不能启动。（2）若正在运行时断路，则电动机转速变慢。（3）电动机电流将增大，并发出很大的"嗡嗡"声。（4）在额定负载时很快就会烧坏其余两相。

65. 三相异步电动机因电源缺相而烧坏绕组有何特征？怎样处理？

（1）该特征是：对星形连接三相异步电动机来说，是一相绕组完好，另外两相绕组烧黑；对三角形连接三相异步电动机来说，是两相绕组完好，另外一相绕组烧黑。

（2）处理方法是：在确定是电源缺相引起烧坏后，不但要拆除旧绕组，更新绕组，而且必须检查电源设备，否则电动机修好后，会因电源缺相而再次烧毁电动机。

66. 异步电动机的空载电流与额定电流的关系是什么？

一般大中型异步电动机 $I_0 = 20\% \sim 35\% I_e$，一般小型异步电动机 $I_0 = 35\% \sim 50\% I_e$。

67. 三相异步电动机的电源电压过高或过低对电机有何影响？

当电源电压过高或过低时，都会使定子电流增加，导致定子绕组过热，一般电源电压波动范围为 ±5%。

68. 滚动轴承在哪些情况下应禁止使用？

（1）听出严重的杂音。（2）旷动量太大。（3）内外圈破裂、滚珠夹持器外套呈蓝色。（4）内外滚道出现凹形珠痕，轴承滚珠滚道有金属片粒状剥离、滚珠、滚道锈蚀。

69. 电动机散热不好的原因是什么？

（1）电动机工作环境温度过高，电动机散热困难。（2）电动机绕组灰尘过多，影响散热。（3）风扇损坏或装反，使风量减少。

70. 电动机运行方式有哪几种？

（1）连续额定工作方式。（2）短时额定工作方式。（3）断续额定工作方式。

71. 异步电动机投入运行前应做哪些检查？

（1）检查接地线完好。（2）检查各部螺栓无松动。（3）测量绝缘电阻。（4）测量直流电阻。（5）盘车灵活、无卡住、扫堂现象。（6）检查电源电压、其波动范围必须在 ±5% 之内。（7）检查电动机接线是否正确。（8）测量空载电流，要求三相电流不平衡度的偏差不大于 10%。

72. 怎样从电动机的振动和声音中判断机械故障？

（1）风叶损坏或螺栓松动，它所产生的声音随着碰击声的轻重时大时小。（2）轴承损坏或轴不正，造成电动机转子偏心，严重时将会扫堂，从而使电动机产生剧烈振动和不均匀的碰擦声。（3）地脚螺栓松动或其基础不牢，电动机产生不正常振动。（4）轴承滚珠损坏，使电动机轴承发出异常嘶声或咕噜声。

73. 怎样从异步电动机的不正常振动和声音中判断电磁方面的原因？

（1）正常的电动机突然出现，异常声响，在带负载运行时转速明显下降，并发出低沉声，可能是三相电流不平衡，负载过重或单相运行。（2）正常运行的电动机，如果定、转子绕组发生短路故障或鼠笼转子断条，则电动机发出时高时低的嗡嗡声，机身随之略为振动。

74. 异步电动机发生绕组短路有哪些原因？

简单地说有过载，过电压，单相运行，绝缘不好等原因。

75. 滚动轴承检查工作主要有哪些？

仔细检查珠架和滚动体缝里是否有油脂和污物，检查轴承内外表面有无锈蚀划痕，珠架变形滚动体磨损，用手轻动轴承外圈，转动是否灵活，平稳，声音是否正常。

76. 当三相异步电动机过热时，怎样判断是否因匝间短路引起的？

（1）首先测量定子的三相电流，若三相电流差别较大，可能是匝间短路引起的，因为当一相绕组匝间短路时，往往两相空载电流比正常值大，其中一相就是短路相，另一相电流较小，甚至小于正常值。（2）为了进一步确诊是否匝间短路，可以在电动机空转几分钟后迅速拆开端盖，抽出转子，用手顺序摸每个线圈的端部，若某个线圈端部比其他线圈端部烫手，可以肯定该线圈有匝间短路。

77. 检查低压交流电动机绕组的短路故障有哪些方法？

（1）观察法。（2）用兆欧表或万用表检查相间绝缘。（3）电流平衡法。（4）电阻法。（5）用短路侦察器检查绕组匝间短路。

78. 电动机三相绕组接错和嵌反有什么影响？

（1）电动机绕组必须按一定规则连接，如果连接接错（或嵌反），使绕组中的电流方向相反，就不能形成旋转磁场，因而电动机就不能运行。（2）由于磁通势和电抗不平衡，电动机将激烈振动并发出低沉嗡嗡声。（3）因三相电流不平衡，电流迅速上升，会造成电动机过热，甚至烧坏。

79. 如何选择熔断器？

（1）熔断器耐压值必须等于或高于系统额定线电压。（2）熔体电流可按不同负载进行合理选择：①保护电机类负载时，单台直接起动电动机：熔体额定电流 =（1.5 ～ 2.5）×电动机额定电流。注：对不频繁启动的电动机取较小的系数，频繁启动的电动机取较大的系数；多台小容量电动机共用线路：熔体额定电流 =（1.5 ～ 2.5）× 最大容量的电动机额定电流 + 所有电动机额定电流之和；降压启动电动机：熔体额定电流 =（1.5 ～ 2）× 电动机额定电流；绕线式电动机：熔体额定电流 =（1.2 ～ 1.5）× 电动机额定电流。②保护照明电路时，白炽灯，熔体额定电流 =1.1× 被保护电路上所有白炽灯工作电流之和；日光灯和高压水银荧光灯，熔体额定电流：1.5× 被保护电路上所有日光灯和高压水银荧光灯工作电流之和。

80. 高压电器按照在电力系统中按其作用可以分为哪几种？

开关电器、保护电器、测量电器、限流电器、成套电器与组合电器、其他电器。

81. 低压刀开关、负荷开关、断路器各自有什么特点？

（1）低压刀开关特点：自然灭弧且灭弧能力很小，故一般用作隔离开关。（2）低压负荷开关特点：能带负荷，具有一定的灭弧能力，可作为正常负荷通断操作，但不能切断短路电流。（3）低压断路器特点：能带负荷且具有良好的灭弧能力及多种保护能力，能有效地自动切断由短路、过载、漏电流和欠压而引发的故障。

82. 低压断路器的检查有哪些？

（1）检查负荷电流是否符合额定值。（2）信号指示与电路部分的状态是否相符。（3）过热元件的容量过负荷额定值是否相符。（4）连接线的接触处有无过热现象。（5）操作手柄和绝缘外壳有无破损现象。（6）开关内有无放电声响。（7）电动合闸机构润滑是否良好。

83. 负荷开关的作用是什么？

在功率不大或可靠性要求不高的配电回路中，与熔断器串联使用代替断路器。负荷开关作为操作电器，用于投切电路的正常负荷电流，熔断器作为保护器开断电路的短路电流。

84. 隔离开关为什么不能用来切断短路电流和负荷电流？

因为隔离开关没有灭弧装置，用它切断短路电流和负荷电流时，产生的电弧不能熄灭而造成事故。

85. 交流接触器的基本参数有哪些？

交流接触器的基本参数有额定电压、额定电流、通断能力、动作值、吸引线圈额定电压、操作频率、寿命。

86. 交流接触器的动作值是怎样规定的？

可分为吸合电压和释放电压：吸合电压是指接触器吸合前，缓慢增加吸合线圈两端的电压，接触器可以吸合时的最小电压；释放电压是指接触器吸合后，缓慢降低吸合线圈的电压，接触器释放时的最大电压。一般规定，吸合电压不低于线圈额定电压的 85%，释放电压不高于线圈额定电压的 70%。

87. 交流接触器的通断能力是怎样规定的？

可分为最大接通电流和最大分断电流。最大接通电流是指触点闭合时不会造成触点熔焊时的最大电流值；最大分断电流是指触点断开时能可靠灭弧的最大电流。一般通断能力是额定电流的 510 倍。电压等级越高，通断能力越小。

88. 如何根据使用条件确定交流接触器的额定电流？

接触器额定电流是指接触器在长期工作下的最大允许电流，持续时间 ≤ 8h，且安装于敞开的控制板上。如果冷却条件较差，选用接触器时，接触器的额定电流按负荷额定电流的 110% ~ 120% 选取；对于长时间工作的电动机，由于接触器触点的氧化膜无法清除，会使接触电阻增大，导致触点发热超过允许温升，实际选用时，接触器的额定电流需增大到负荷额定电流的 140%。

89. 空气断路器有哪些作用？

空气断路器也就是空气开关，在电路中起接通、分断和承载额定工作电流的作用，并能在线路和电动机发生过载、短路的情况下进行可靠的保护。

90. 断路器选型时主要考虑哪些问题？

（1）选用断路器的额定电流大于或等于线路或电气设备的额定电流。（2）选用断路器的额定短路分断能力（电流）大于或等于线路的最大短路电流。（3）断路器选用的型号，要保护功能相对完善全面，能满足其工作场合的要求。（4）选用断路器的外形尺寸相对较小，节省空间，便于在同一柜内可安装多台断路器。

91. 漏电保护器工作原理是什么？

正常工作时电路中除了工作电流外没有漏电流通过漏电保护器，此时流过零序互感器（检测互感器）的电流大小相等，方向相反，总和为零，互感器铁芯中感应磁通也等于零，二次绕组无输出，自动开关保持在接通状态。当被保护电器或线路发生漏电或有人触电时，就有一个接地故障电流，使流过检测互感器内电流不为零，互感器铁芯中产生磁通，其二次绕组有感应电流产生，经放大后输出，使漏电脱扣器动作推动自动开关跳闸达到漏电保护的目的。

92. 热继电器的工作原理是什么？

热继电器主要用来对异步电动机进行过载保护。它的工作原理是：过载电流通过热元件后，使双金属片加热弯曲推动动作机构来带动触点动作，从而启动电动机控制电路实现电动机断电停车，起到过载保护的作用。鉴于双金属片在热量传递的过程中需要较长的时间才能受热弯曲，因此热继电器不能用作短路保护，而只能用作过载保护。

93. 什么是热继电器的整定电流？其保护特性是什么？

（1）热继电器的整定电流是指热元件长期允许通过的电流值。（2）其保护特性是：在整定电流下，热元件长期不动作；当热元件通过的电流增加到整定电流的 1.2 倍时，从电流超过整定电流时刻开始，热继电器在 20min 内动作；增加到 1.5 倍时，热继电器在 2min 内动作；而从冷态开始，通过 6 倍的整定电流时，则需 5s 以上才动作。

94. 双速、双功率电动机综合保护器有哪些功能？

（1）控制器具有缺相及相电流不平衡、过载、过热故障保护及状态自锁功能，故障原因指示功能。（2）控制器具有电动机额定电流数字设定功能。（3）控制器具有自、手动启动切换及延时自启动功能。（4）控制器具有空气开关脱扣控制继电器输出功能。

95. 双速、双功率电动机综合保护器能调整哪些参数？

（1）额定电流设定：额定电流设定采用三位数字拨码开关输入，第一位为"百位"，第二位为"十位"，第三位为"个位"，按电动机的额定电流值输入即可，本控制器电流设定范围为 20 ～ 160A，当输入值小于 20A 时按 20A 计算，当输入值大于 160A 时按 160A 计算。（2）自启动延时调整电位器：用于选择延时自启动时间。

96. 双速、双功率电动机综合保护器发光管能显示哪些运行信息？

发光管用于指示系统当前状态。能显示：（1）电源：为控制器有无电源指示。（2）运行：控制器进入保护控制状态时指示灯亮，控制器退出保护控制状态时指示灯灭。（3）缺相：指示灯亮，指示故障原因为缺相或相电流不平衡。（4）过载：指示灯亮，指示故障原因为过载，指示灯闪亮，指示为过载延时控制状态。（5）过热：指示灯亮，指示电动机温度过高。

97. 转换开关由哪几部分组成？工作原理是什么？

（1）转换开关的结构由操作机构、定位装置和触点等三部分组成。（2）转换开关的工作原理是触点为双断点桥式结构，动触点设计成自动调整式以保证短时的同步性。静触点装在触点座内。当将手柄转动到不同的档位时，转轴带着凸轮随之转动，从而使触点按规定顺序闭合或断开。

98. 电流互感器和电压互感器各有什么作用？

高电压、大电流无法直接测量，经互感器变换后，二次已变成标准的电流（5A 或 1A）和电压（100V），这样无论二次仪表、保护装置，还是电能计量仪表，就都可以进行标准化了，有利于仪表的标准化设计、生产、选用和维护。

99. 电能计量装置配备的电能表、互感器准确度等级有哪些要求？

（1）Ⅰ类电能计量装置应装设 0.5 级有功表、2.0 级无功表、0.2 级互感器。（2）Ⅱ类电能计量装置应装设 1.0 级有功表、2.0 级无功表、0.5 级互感器。（3） Ⅲ 类电能计量装置应装设 1.0 级有功表、2.0 级无功表、0.5 级互感器。（4） Ⅳ 类电能计量装置应装设 2.0 级有功表、3.0 级无功表、0.5 级互感器。

100. 电能计量装置有几种接线方式？

（1）接入中性点绝缘系统的电能计量装置，应采用三相三线有功、无功电能表。接入非中性点绝缘系统的电能计量装置，应采用三相四线有功、无功电能表或三只感应式无止逆单相电能表。（2）低压供电，负荷电流为 50A 及以下时宜采用直接接入式电能表，负荷电流为 50A 以上时宜采用经互感器接入式的接线方式。（3）接入中性点绝缘系统的三台电压互感器，35kV 及以上的宜采用 Y/y 方式接线；35kV 以下的宜采用 V/V 方式接线。接入非中性点绝缘系统的三台电压互感器，宜采用 Y0/y0 方式接线。其一次侧接地方式和系统接地方式相一致。（4）对三相三线制接线的电能计量装置，其中两台电流互感器二次绕组与电能表之间宜采用四线连接。对三相四线制连接的计量装置，其三台电流互感器二次绕组与电能表之间可采用六线连接。

101. 电能计量装置配置的基本原则是什么？

（1）具有足够的准确度。（2）具有足够的可靠性。（3）功能能够适应营抄管理的需要。（4）有可靠的封闭性能和防窃电性能。（5）装置要便于工作人员现场检查和带电工作。

102. 电能计量方式的基本原则是什么？

（1）计费电能表应装设在供用电设施的产权分界点。（2）对高压用电的用户，在变压器的高压侧装表计量，但对 10kV 供电，容量在 315kV·A 以下，经供用双方协商可在低压侧装表计量。（3）对地方或企业自备电厂，应在并网点装设电能计量装置。如有送、受电量的应分别装表计量。(4) 对有两条及以上线路供电的用户，应分线装表计量。(5) 对用户受电点不同电价的分别装表计量。(6) 对城镇居民用电可根据其电容量按公安门牌或"一户一表"装表计量。(7) 临时用电的用户，应装表计量。(8) 35kV 及以上的供电用户，装设全国统一标准的分体式电能计量柜；10kV，用电用量为 315kV·A 及以上的用户装高压整体式电能计量柜。(9) 10kV 及以下电压供电其容量在 100～315kV·A 的用户，装设统一标准的整体式电能计量柜；100kV·A 以下的动力用户，应装设统一标准的综合计量柜（箱），低压照明用户及居民生活用电，应装设统一标准的计量箱。(10) 按计费方式选定电能表的类别（有功电能表、无功电能表、最大需量表、分时电能表、单相电能表等）。(11) 对考核功率因数的用户，应装设具有双向计量功能的无功电能表。

103. 电能表按其用途可分为哪几类？

电能表按其用途可分为有功电能表、无功电能表、标准电能表、复费率分时电能表、预付费电能表、损耗电能表和多功能电能表。

104. 怎样选择电能表的容量？

(1) 三相负荷电流不平衡的电路，以最大一相的电流为依据。(2) 根据各地低压装置规程规定确定是否带电流互感器（因各地规定差异较大）。(3) 按最大负荷电流、负荷电流变化范围及用电量多少来选择电能表容量和电能表精度等级。一般电能表的灵敏度为标定电流的 1%，校验点为 10% 轻载、100% 全载及功率因数 0.5 全载，为提高计量准确度要使负荷特性、负荷变化和电能表特性相配合。

105. 电子式多功能电能表的通信方式有哪些？

电子式多功能电能表与外界的通信方式大都采用串行异步半双工的通信方式。通信接口主要有 RS232、RS485 和直接光学接口三种典型的电能表的通信方式。

106. 复费率电能表与普通电子电能表有什么不同？

复费率电能表是在普通电子电能表的基础上增加了微处理器，增加时钟芯片、数码管显示器、通信接口电路等构成的。它根据设置的时段参数对电能进行分时计量，将其显示出来，同时能通过数据通信接口传输数据。它为实现居民用户电量分时计费提供了手段。

107. GGD 开关柜具有哪些结构特点？

（1）GGD 型交流低压配电柜的柜体采用通用柜形式，构架用 8mm 冷弯型钢局部焊接组装而成，并有 20 模的安装孔，通用系数高。（2）GGD 柜充分考虑散热问题。在柜体上下两端均有不同数量的散热槽孔，当柜内电器元件发热后，热量上升，通过上端槽孔排出，而冷风不断地由下端槽孔补充进柜，使密封的柜体自下而上形成一个自然通风道，达到散热的目的。（3）柜体的顶盖在需要时可拆除，便于现场主母线的装配和调整，柜顶的四角装有吊环，用于起吊和装运。（4）柜体的防护等级为 IP30，用户也可根据环境的要求在 IP20 ～ IP40 之间选择。

108. MNS 型低压开关柜（抽屉柜）具有哪些结构特点？

（1）MNS 型低压开关柜框架为组合式结构。（2）开关柜的各功能室相互隔离，各室的作用相对独立。（3）开关柜的结构设计可满足各种进出线方案要求：上进上出、上进下出、下进上出、下进下出。（4）设计紧凑：以较小的空间容纳较多的功能单元。（5）结构件通用性强、组装灵活，以

E=25mm 为模数，结构及抽出式单元可以任意组合，以满足系统设计的需要。(6) 母线用高强度阻燃型、高绝缘强度的塑料板保护，具有抗故障电弧性能，运行维修安全可靠。(7) 各种大小抽屉的机械联锁机构符合标准规定，有连接、试验、分离三个明显的位置，安全可靠。(8) 采用标准模块设计，分别可组成保护、操作、转换、控制、调节、测定、指示等标准单元，可以根据要求任意组装。(9) 采用高强度阻燃型工程塑料，有效加强了防护安全性能。(10) 通用化、标准化程度高，装配方便。(11) 柜体可按工作环境的不同要求选用相应的防护等级。

109. GGD 型交流低压开关柜的优缺点有哪些？

优点：该开关柜具有结构合理，安装维护方便，防护性能好，分断能力高等优点，容量大，分段能力强，动稳定性强，电器方案适用性广等优点，可作为换代产品使用。

缺点：回路少，单元之间不能任意组合且占地面积大，不能与计算机联网。

110. MNS 型低压开关柜（抽屉柜）的优缺点有哪些？

优点：(1) 设计紧凑：以较小的空间容纳较多的功能单元。(2) 结构通用性强，组装灵活：以 25mm 为模数的 C 型型材能满足各种结构形式、防护等级及使用环境的要求。(3) 采用标准模块设计：分别可组成保护、操作、转换、控制、调节、指示等标准单元，用户可根据需要任意选用组装。(4) 装配方便。(5) 压缩场地，可大大压缩储存和运输预制作的场地。

缺点：电器方案通用性差。

111. 电气设备的接地一般有哪几种类型？

电气设备接地一般有：保护接地、工作接地、防雷接地、屏蔽接地、防静电接地。

112. 哪些电气设备必须进行接地或接零保护？

（1）发电机、变压器、电动机、高低压电器和照明器具的底座和外壳。（2）互感器的二次线圈。（3）配电盘和控制盘的框架。（4）电动设备的传动装置。（5）屋内外配电装置的金属架构，混凝土架和金属围栏。（6）电缆头和电缆盒外壳，电缆外皮与穿线钢管。（7）电力线路的杆塔和装在配电线路电杆上的开关设备及电容器。

113. 两线制、三线制、四线制变送器如何接线？

（1）两线制变送器如图 3 所示，其供电为 24V DC，输出信号为 4 ～ 20mA DC，24V 电源的负线电位最低，它是信号公共线。

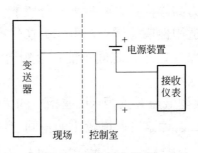

图 3 两线制变送器

（2）三线制变送器如图 4 所示，所谓三线制就是电源正端用一根线，信号输出正端用一根线，电源负端和信号负端共用一根线。其供电大多为 24V DC，输出信号有 4 ～ 20mA DC。

（3）四线制变送器如图 5 所示，供电回路和信号回路各自独立。

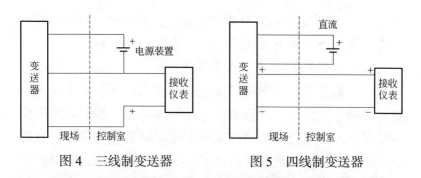

图4 三线制变送器 图5 四线制变送器

114.多功能数字显示仪表如何实现温度控制？

如图6所示，当数字显示仪表参数设定后，模拟量输入端接入 PT100 热电阻后，当环境温度大于设定温度，仪表内置继电器输出常开接点闭合，KM 线圈得 220V 交流电压后，主触头闭合，风机运行，环境温度下降；当环境温度下降至 SV 设定温度—回差值时，继电器输出点断开，KM 线

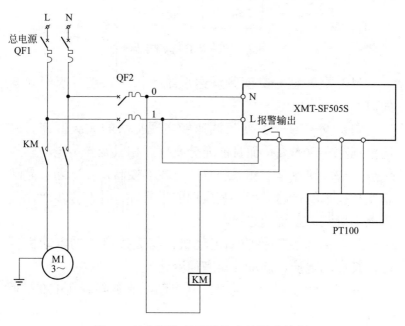

图6 多功能数字显示仪表的温度控制

圈失电，主触头分断后风机停止运行。环境温度再次升高，等待下次温度再次升高至设定值时重新启动风机。

115. 变频器的基本工作原理是什么？

变频器是将工频电源转换成任意频率、任意电压交流电源的一种电气设备。变频器的工作原理是通过控制电路来控制主电路，主电路中的整流器将交流电转变为直流电，直流中间电路将直流电进行平滑滤波，逆变器最后将直流电再转换为所需频率和电压的交流电，部分变频器还会在电路内加入 CPU 等部件，来进行必要的转矩运算，如图 7 所示。

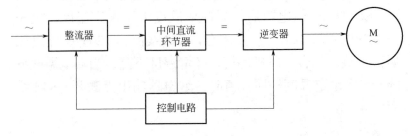

图 7　变频器的基本构成

116. 交—直—交变频调速系统有何优缺点？应用前景如何？

（1）交—直—交变频调速能实现平滑的无级调速，调速范围宽，效率高，而且能充分发挥三相鼠笼异步电动机的优点。（2）缺点是变频系统复杂，成本较高。（3）随着晶闸管变频技术的日趋完善，其应用前景看好，并有逐步取代直流电动机调速系统的趋势。

117. 采用变频器驱动电动机，与直接启动的电动机相比，其启动电流、启动转矩有何变化？

采用变频器驱动电动机，其启动电流被限制在 150% 额定电流以下（根据机种不同，为 125% ～ 200%），而用工频电源直接启动时，启动电流为额定电流 47 倍，因此，会产生机械和电气上的冲击。采用变频器驱动可以平滑地启动（启动时间变长），启动电流也可限制为额定电流的 1.2 ～ 1.5 倍，启动转矩为 70% ～ 120% 额定转矩；对于带有转矩自动增强功能的变频器，启动转矩为额定转矩的 100% 以上，可以带全负载启动。

118. 实际生产中的工、变频基本操作步骤有哪些？

工频运行：工频运行时，须将转换开关旋至"工频"挡。按启动按钮→中间继电器闭合自锁→工频接触器吸合→电动机工频启动并运行。

变频运行：将转换开关 S 旋至"变频"挡→中间继电器闭合自锁→主接触器吸合→变额器上电待机→按启动按钮→变频接触器吸合→电动机变频启动并运行。

保护电路：当变频器发生故障时，其报警输出端子动作。中间继电器断开→接触器断电→变频器脱离电源→电动机停止运行。

119. 可编程序控制器的定义是什么？

（1）可编程序控制器是一种数字运算操作的电子系统，专为在工业环境下应用而设计。（2）它采用可编程序的存储器，用来在其内部存储执行逻辑运算、顺序控制、定时、计数和算术运算等操作命令。（3）并通过数字式、模拟式的输入和输出，控制各种类型的机械或生产过程。（4）可编程序控制器及其有关的外部设备，都应按易于与工业控制系统连成一个整体，易于扩充其功能的原则而设计。

120. PLC 的输入方式有几种？

有两种：一种是数字量输入，另一种是模拟量输入，模

拟量要经过模拟 / 数字变换部件进入 PLC。

121. PLC 的应用范围有哪些？

（1）用于开关逻辑控制。（2）用于机械加工数字控制。（3）用于闭环控制。（4）用于多级控制系统，实现工厂自动化网络（5）用于机器人控制。

122. 电路由哪几部分组成的？各部分的作用是什么？

电路是由电源、负载、连接导线和开关等基本部分组成的。电源是输出电能的设备；负载是消耗电能的设备；导线和开关是输送和控制电能的设备。

123. 常用电气图形符号有哪些？

常用电气设备符号见表 6。

表 6　常用电气设备符号

序号	名称	文字符号	图形符号
1	直流	DC	
2	交流	AC	
3	交直流	DC/AC	
4	刀开关 （机械式）	QK	
5	多级开关一般符号 单线表示	QK	
6	多级开关一般符号 多线表示	QK	
7	负荷开关 （负荷隔离开关）	QL	

续表

序号	名称	文字符号	图形符号
9	漏电流断路器	QR	
10	断路器	QF	
11	隔离开关	QS	
12	交流接触器（动合、动断）辅助触点	KM	
13	交流接触器主触点	KM	
14	按钮（启动、停止）	SB	
15	时间继电器辅助接点（延时闭合、延时断开）	KT	
16	时间继电器辅助接点（延时断开、延时闭合）	KT	
17	时间继电器的线圈（通电延时、断电延时）	KT	
18	热继电器的（动合、动断）辅助接点	FR	

序号	名称	文字符号	图形符号
19	热继电器的驱动原件	FR	
20	位置开关（动合、动断）触点	SQ	
21	熔断器一般符号	FU	
22	熔断器式断路器	QF	
23	跌落式熔断器	FF	
24	熔断器式开关	QK	
25	熔断器式隔离开关	QR	
26	熔断器式负荷开关	QL	
27	母线与母线引出线	W	
28	电流互感器	TA	

续表

序号	名称	文字符号	图形符号
29	电压互感器	TV	
30	双绕组变压器	TM	
31	三相变压器 星形—三角形连接	TM	
32	电抗器扼流圈	L	
33	避雷器	F	
34	电缆终端头		
35	电压表	PV	V
36	电流表	PA	A
37	有功功率表	PW	kW
38	无功功率表	PR	var

续表

序号	名称	文字符号	图形符号
39	功率因数表	PF	$\cos\phi$
40	频率表	PF	Hz
41	电能表（瓦特小时表）	PJ	Wh
42	无功电能表	PJR	varh
43	原电池组或蓄电池组	GB	
44	一般接地	E	
45	保护接地	PE	
46	等电位		
47	信号灯（指示灯）	HL	
48	照明灯	EL	

124. 如何绘制单相电度表测量电路？

单相电度表测量电路如图 8 所示。

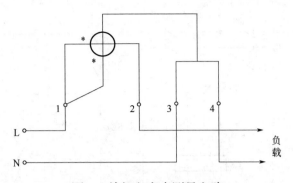

图 8　单相电度表测量电路

125. 如何绘制三相四线制直通电度表测量电路？

三相四线制直通电度表测量电路如图 9 所示。

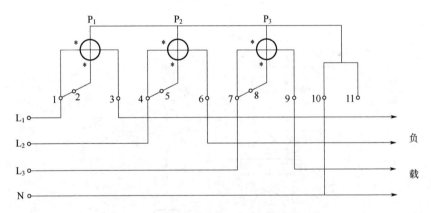

图 9　三相四线制直通电度表测量电路

126. 三相异步电动机有哪几种常见的电路图？

（1）连续运行：点动与连续运行如图 10 所示，异地控制如图 11 所示。

（2）正反转控制电路：双重连锁正反转控制电路如图 12 所示，工作台往返控制电路如图 13 所示。

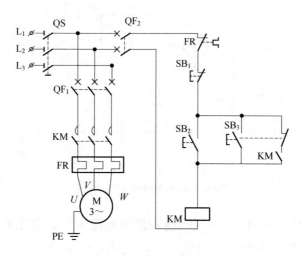

图 10　点动与连续运行

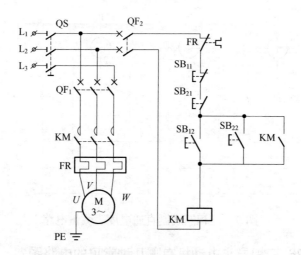

图 11　异地控制

　　(3) 降压启动控制电路：异步电动机 Y- △降压启动控制
电路如图 14 所示，自耦变压器降压启动控制电路如图 15 所示。

　　(4) 顺序启动控制电路如图 16 所示。

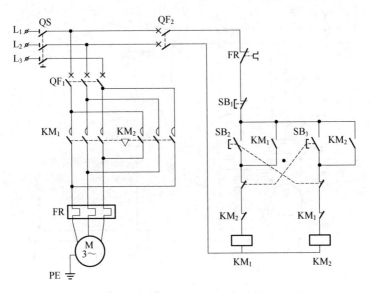

图 12　双重连锁正反转控制电路

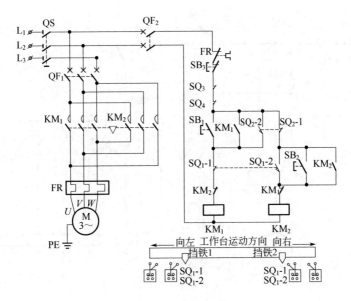

图 13　工作台往返控制电路

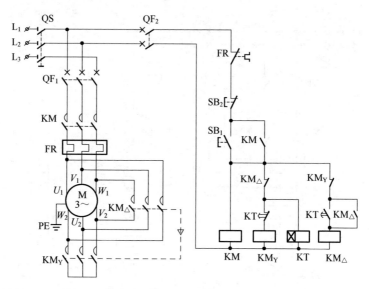

图 14　异步电动机 Y- △降压启动控制电路

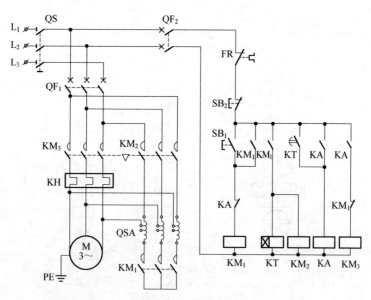

图 15　自耦变压器降压启动控制电路

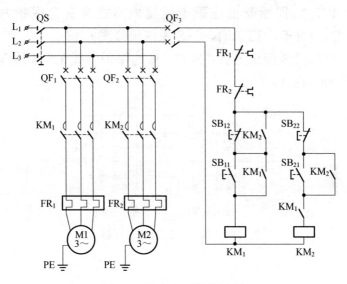

图 16　顺序启动控制电路

（5）单按钮启动控制电路如图 17 所示。

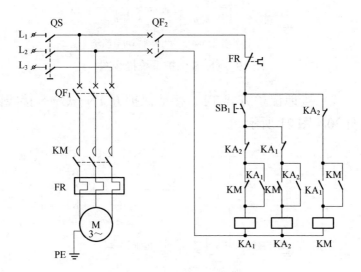

图 17　单按钮启动控制电路图

127. 如何绘制低压配电网接地方式及安全保护方式 TN-C、TN-S、TT、TN-C-S 系统接线图？

（1）接地保护方式 TN-C、接地保护方式 TN-S 接线图如图 18、图 19 所示。

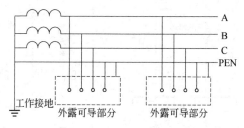

图 18　TN-C 保护系统接线图

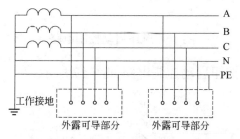

图 19　TN-S 保护系统接线图

（2）接地保护方式 TT、接地保护方 TN—C—S 接线图如图 20、图 21 所示。

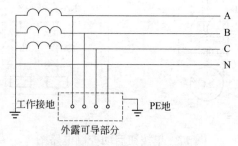

图 20　TT 保护系统接线图

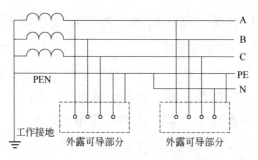

图21　TN-C-S保护系统接线图

128. 常用电工计算公式有哪些？

（1）已知配电变压器容量，求其各电压等级侧额定电流。

$$I_n = \frac{S_n}{\sqrt{3}U_n} = \frac{S_n}{U_n} \times \frac{1}{\sqrt{3}} \approx \frac{S_n}{U_n} \times \frac{6}{10}$$

式中　I_n——变压器额定电流，A；

S_n——变压器额定容量，kV·A；

U_n——变压器额定电压，kV。

口诀：容量除以电压值，其商乘六除以十。

表7　配电变压器各电压等级侧对应的系数

电压等级，kV	系数	口诀
		各电压等级电流，容量系数相乘求
0.4	1.5（3/2）	配变低压四百伏，容量乘三除以二
6	0.1（1/10）	配变高压六千伏，容量乘一除以十
10	0.06（2×3/100）	配变高压十千伏，乘二乘三除以百
35	0.015（3/200）	配变高压三万五，二百除容量乘三

（2）已知配电变压器容量，求其一次、二次侧保护熔断器的熔体电流。

① 根据有关"高压熔体应按配电变压器额定电流的1.52 倍选取"的规定得：

$$I_{j1} = (1.5 \sim 2)I_{n1} = (1.5 \sim 2)S_n / \sqrt{3}U_{n1} \approx S_n / U_{n1}$$

式中　I_{j1}——配电变压器一次侧熔体电流，A；

　　　I_{n1}——配电变压器一次侧额定电流，A；

　　　S_n——变压器额定容量，kV·A；

　　　U_{n1}——变压器一次侧额定电压，kV。

口诀：配电高压熔体流，容量电压相比求。

② 根据"配电变压器低压侧（0.4kV）熔断器熔体一般按二次侧额定电流 1.2～1.3 倍选择"，由表 7 中可知 0.4kV 侧的电流为容量乘以 1.5 故得：

$$I_{j2} = (1.2 \sim 1.3)I_{n2} \approx 1.25 \times (1.5S_n) \approx 9S_n / 5$$

式中　I_{j2}——配电变压器二次侧熔体电流，A；

　　　I_{n2}——配电变压器二次侧额定电流，A；

　　　S_n——变压器额定容量，kV·A。

口诀：配变低压熔体流，容量乘九除以五。

（3）已知配电变压器容量，求其二次侧出线断路器瞬时脱扣器的整定电流值。

$$I_{set,t} = 3S_n$$

式中　$I_{set,t}$——断路器瞬时脱扣器整定电流，A；

　　　S_n——变压器额定容量，kV·A。

口诀：配变二次侧供电，最好配用断路器；瞬时脱扣器整定值，三倍容量千伏安。

（4）已知家用电器的总容量，求选单相电能表标定电流等级。

$$I_n = 1000P_\Sigma / U_n = 1000P_\Sigma / 220 = 4.545P_\Sigma \approx 5P_\Sigma$$

式中　I_n——单相电能表的标定电流，A；

　　　P_Σ——家用电器总容量（最大使用功率），kW。

口诀：家用电器单相表，标定电流值选定：家用电器总容量，千瓦总数乘以五。

（5）测得配电变压器二次侧电流，求算其所载负荷容量。

$$P = \sqrt{3}UI\cos\varphi$$

式中　P——负载的有功功率（负荷容量），kW；

　　　U——线电压，kV；

　　　I——线电流，A；

　　　$\cos\varphi$——功率因数。

表 8　测得配电变压器二次侧电流，求算其所载负荷容量

配电变压器二次侧电压，kV	测得电流时所载负荷容量，kW	口诀
	公式	已知配变二次压，测得电流求千瓦
0.4	$P0.4=0.6I0.4$	电压等级四百伏，一安零点六千瓦
3	$P3=4.5I3$	电压等级三千伏，一安四点五千瓦
6	$P6=9I6$	电压等级六千伏，一安整数九千瓦
10	$P10=15I10$	电压等级十千伏，一安一十五千瓦
35	$P35=55I35$	电压等级三万五，一安五十五千瓦

（6）已知低压供电线路最大工作电流，求算漏电开关的额定动作电流。

$$I_{3n,act} \geqslant I_m/1000 \qquad I_{1n,act} \geqslant I_m/2000$$

式中　$I_{3n,act}$——三相漏电开关的额定动作电流，mA；

　　　$I_{1n,act}$——单相漏电开关的额定动作电流，mA；

　　　I_m——电路最大工作电流，A。

口诀：漏电开关选型号，额定动作电流值：三相四线制电路，一千除工作电流；

单相生活用电路，两千除工作电流；电路末端用电处，三十毫安及以下。

（7）速算低压 380/220V 架空线路导线截面积。

$$A_{3+0}=4PL \qquad A_{1+0}=24PL$$

式中　A_{3+0}——380/220V 三相四线制架空线路相线截面积，mm^2；

A_{1+0}——单相 220V 线路相线截面积，mm^2；

PL——负荷矩，kW·m。

口诀：架空铝线选截面，荷矩系数相乘求：

三相荷矩乘以四，单相需乘二十四。

若用铜线来输电，铝线截面六折算。

（8）速算低压 380/220V 架空线路电压损失。

$$\Delta U_{3+N}\% = \frac{PL}{CA} = \frac{0.658IL}{50A} \approx 13IL/A \times 10^3$$

$$\Delta U_{1+N}\% = \frac{PL}{CA} = \frac{0.22IL}{8.4A} \approx 26IL/A \times 10^3$$

式中　$\Delta U_{1+N}\%$——单相 220V 架空线路电压损失百分数；

$\Delta U_{3+N}\%$——三相四线制 380/220V 架空线路电压损失百分数；

P——线路输送的有功功率，kW；

I——测得的相线电流，A；

L——线路输送距离，km；

A——架设线路导线截面积，mm^2；

C——常数（三相时，取 50；单相时，取 8.4）。

口诀：铝线压损要算快，荷矩除以千截面，

三相乘以一十三，单相乘以二十六。

功率因数零点八，十上双双点二加。

铜线压损较铝小，相同条件铝六折。

（9）速算 10kV 架空线路的有功功率损失。

$$\Delta P = 0.446 P^2 L / A \times 10^3 = 0.446 \times 225 I^2 L / A \times 10^3 = I^2 L / 10A$$

式中　ΔP——10kV 架空线路的有功功率损失，kW；

　　　P——线路输送的有功功率，kW；

　　　I——线路负荷电流，A；

　　　L——线路输送距离，km；

　　　A——架设线路导线截面积，mm^2。

口诀：架空线路十千伏，有功功率损失值：电流平方乘输距，除以十倍截面积。

129. 三相电功率及功率因数如何计算？

（1）不对称三相负载：

总的有功功率：$P = P_A + P_B + P_C$

式中　P_A、P_B、P_C——A 相、B 相、C 相负载的有功功率。

总的无功功率：$Q = Q_A + Q_B + Q_C$

式中　Q_A、Q_B、Q_C——A 相、B 相、C 相负载的无功功率。

总的视在功率：$S = \sqrt{P^2 + Q^2}$

式中　P、Q——分别为总的有功功率、无功功率。

（2）对称三相负载：

总的有功功率：$P = 3P_P = \sqrt{3} U_L I_L \cos\varphi_{uip}$

式中　P_P——每一相的有功功率；

　　　U_L——线电压；

　　　I_L——线电流；

　　　$\cos\varphi_{uip}$——每一相的功率因数。

总的无功功率：$Q = 3Q_p = \sqrt{3} U_L I_L \sin\varphi_{uip}$

式中　Q_P——每一相的无功功率；

φ_{uip}——每一相的相电压与相电流的相位差。

（3）三相电路的功率因数：

$$\cos\varphi = \frac{P}{S}$$

式中　P、S——分别是总的三相有功功率和总的三相视在功率。

对称三相负载，因 $P=\sqrt{3}\,U_L I_L \cos\varphi_{uip}$ 及 $S=\sqrt{3}\,U_L I_L$，所以三相电路的功率因数：

$$\cos\varphi = \frac{P}{S} = \frac{\sqrt{3}U_L I_L \cos\varphi_{uip}}{\sqrt{3}U_L I_L} = \cos\varphi_{uip}$$

即对称三相电路的功率因数等于每相的功率因数。

130. 光伏电站根据接入电网的电压等级如何分类？

光伏电站根据接入电网的电压等级，可分为小型、中型或大型光伏电站。

小型光伏电站——接入电压等级为 0.4kV 低压电网的光伏电站。

中型光伏电站——接入电压等级为 10 ～ 35kV 电网的光伏电站。

大型光伏电站——接入电压等级为 66kV 及以上电网的光伏电站。

小型光伏电站的装机容量一般不超过 200kW（峰值）。

131. 太阳能光伏发电系统根据其系统是否与电网相连的运行模式可以分为几种？

太阳能光伏发电系统根据其系统是否与电网相连的运行模式可以分为离网型光伏发电系统和并网型光伏发电系统。

132. 并网型光伏发电系统如何分类？

并网型光伏发电系统可依据装机容量或电压等级，对光伏电站进行划分。

根据光伏电站的装机容量，可分为：小规模（100kW以下）、中规模（100kW～1MW）、大规模（1～10MW）和超大规模（10MW以上）。

根据光伏发电系统的规模，并网型太阳能光伏发电系统可以分为集中式和分布式等两种类型。

133. 集中式并网光伏电站的主要特点有哪些？

集中式并网光伏电站的主要特点是将所发电能全部输送给电网，由电网统一调配给用户供电，这种电站投资大、建设周期长、占地面积大。

134. 分布式并网光伏电站的主要特点有哪些？

分布式并网光伏电站由于处于用户侧，光伏电站所发电能优先供给当地负载使用，多余的电能输入电网，由电网统一调配给用户负载使用，这使得分布式光伏电站可以有效减少对电网供电的依赖及线路损耗。除此之外，分布式并网光伏电站由于投资小、建设快、占地面积小、政策支持力度大等优点，是并网光伏电站的主流。

135. 光伏交流汇流箱的功能和作用有哪些？

光伏交流汇流箱安装于逆变器交流输出侧和并网点／负载之间，内部配置有输入断路器、输出断路器、交流防雷器，可选配智能监控仪表（监测系统电压、电流、功率、电能等信号）。

主要作用：汇流多个逆变器的输出电流，同时保护逆变器免受到来自交流并网侧／负载的危害，作为逆变器输出断开点，提高系统的安全性，保护安装维护人员的安全性。

136. 风力发电能量转换过程是什么？

将风的动能通过风轮转换为机械能，再带动发电机，将机械能转换成电能。

137. 风力发电机组由哪几部分组成？

风力发电机组由基础、塔架、风轮、机舱组成。

基础：主要的承载部件。

塔架：承受机组的重量、风载荷及各种动载荷，并将这些载荷传递到基础。支承叶轮到一定的高度，以获得足够大的风速，将风能转化为电能。

风轮：将风能转化为机械能，由叶片、导流罩、轮毂组成。

机舱：包容着风力发电机的关键设备。

138. 电动车使用充电桩刷卡充电的操作流程是什么？

车辆停稳熄火→插枪→刷卡启动→充满自动结束或者刷卡结束。

（1）将充电枪连接汽车充电口，屏幕会显示对应终端连接就绪状态。（2）点击屏幕显示连接就绪的终端，进入充电模式选择界面，在刷卡区碰触已在平台绑定好的卡片，启动充电。（3）设备进入充电中状态，点击充电中的终端可进入充电实时状态界面。（4）设备会持续充电直到车辆充满或者达到车辆预设 SOC 值，若想提前结束充电，用启动充电的卡片再次碰触刷卡区即可结束充电。（5）充电完成后，充电指示灯熄灭，点击充电完成的终端图标可查看充电详情，拔枪后将充电枪放回原位。

139. 充电桩充电过程中的注意事项有哪些？

（1）正确选择充电设备，充电设备与充电车型不匹配可能对车辆安全造成损害。（2）充电前请确认充电设备无损坏和异常情况，确认枪头干燥、清洁。（3）充电过程要保证车辆驻停可靠，充电开始后避免触碰充电设备和车辆充电口。（4）非专业运维人员严禁开启、拆卸、接线、改造、破坏充电设备，设备检修时必须切断电源。（5）发生火情未断电时，严禁触碰设备或用水灭火。（6）发现异常情况请通过电话等方式反馈，由专业人员进行解决和维修。

140.充电桩检修维护时的注意事项有哪些？

（1）设备上电状态下，禁止随意打开柜门。（2）禁止未经过专业培训或者无低压操作证人员对设备进行维护操作。（3）进行设备维护操作时，首先切断设备电源，作业时严禁在手腕上佩戴手表、戒指等易导电物体。（4）不能在雷雨天气或者比较潮湿的天气对打开柜门检查，以防止触电。（5）检修维护完毕后，注意锁闭柜门。

二、 HSE 知识

（一）名词解释

1.静电： 由于物体与物体之间的紧密接触和分离，或者相互摩擦，发生了电荷转移，破坏了物体原子中的正负电荷的平衡而产生的电。

2.触电： 人体接触或接近带电体后，电流对人体造成的伤害。

3.跨步电压触电： 指电气设备绝缘损坏或当输电线路一根导线断线接地时，在导线周围的地面上，由于两脚之间的电位差所形成的触电。

4.保护接零：在正常情况下，将电器设备不带电的导电部分与低压配电网的零线连接起来，防止漏电发生触电事故。

5.保护接地：在正常情况下，将电器设备不带电的导电部分与接地体连接起来，防止漏电发生触电事故。

6.安全电压：可以把可能加在人身上的电压限制在某一范围之内，使得在这种电压下，通过人体的电流不超过允许的范围，这一电压就称为安全电压，安全电压不是绝对没有危险的电压。

7.电击伤害：是指在发生电击时，电流通过人体的内部，造成人体内部组织的破坏，影响呼吸、心脏和神经系统，严重的电击会导致触电人的死亡。

8.电伤：电流的热效应、化学效应、机械效应对人体组织或器官造成的伤害。

9.火灾：是指在时间或空间上失去控制的燃烧造成的灾害。

10.着火：可燃物受外界火源直接作用而开始的持续燃烧。

11.燃烧：是指可燃物与氧化剂作用发生的放热反应，通常伴有火焰、发光和（或）发烟现象。

12.爆燃：可燃物质（气体、雾滴和粉尘）与空气或氧气的混合物由火源点燃，火焰立即从火源处向外不断扩大的同心球，自动扩展到混合物存在的全部空间，这种以热传导方式自动在空间传播的燃烧现象。

13.冷却法：将灭火剂直接喷射到燃烧物上，以降低燃烧物温度于燃点之下，使燃烧停止的灭火方法。

14.窒息法：用于降低氧浓度来灭火的方法。

15. 隔离法：关闭有关阀门，且切断流向火区的可燃气体和液体通道的灭火方法。

16. 劳动保护用品：由生产经营单位为员工配备的，使其在劳动过程中免遭或者减轻事故伤害及职业病危害的个人防护装备。

17. 特种作业：是指在劳动过程中容易发生伤亡事故，对操作者本人，尤其对他人和周围设备安全有重大危害的作业。

18. 电力安全工器具：是指为防止触电、灼伤、坠落、摔跌等事故，保障工作人员人身安全的各种专用工具和器具。

19. 作业许可：是指在从事高危作业及临时性的、缺乏程序规定的非常规作业之前，为保证作业安全，必须取得授权许可方可实施作业的一种管理制度。

20. 高处作业：是指在坠落基准面 2m 及以上有可能坠落的高处进行的作业。

21. 临时用电作业：在生产或施工区域内临时性使用非标准配置 380V 及以下的低电压电力系统不超过 6 个月的作业。

22. 动火作业：是指在具有火灾、爆炸危险性的生产或者施工作业区域内，以及可燃气体浓度达到爆炸下限 10% 以上的生产或施工作业区域内可能直接或者间接产生火焰、火花或者炽热表面的非常规作业。

23. 职业病：是指企业、事业单位和个体经济组织等用人单位的劳动者在职业活动中，因接触粉尘、放射性物质和其他有毒、有害因素而引起的疾病。

24. 噪声：物体的复杂震动由许多频率组成，而各频率之间彼此不成简单的整数比，这样的声音听起来就不悦耳也不和谐，还会使人产生烦躁，这种频率和强度都不同的各种声音的杂乱组合而产生的声音被称为噪声。

25. **特种设备**：是涉及生命安全、危险性较大的设备和设施的总称，包括锅炉、压力容器（含气瓶）、压力管道、电梯、起重机械、客运索道，大型游乐设施。

26. **危险化学品**：是指具有易燃、易爆、有毒、腐蚀、放射性等危险特性，在生产、储存、运输、使用和废弃物处置过程中极易造成人身伤亡、财产损失、污染环境的化学品。

27. **风险**：在 HSE 管理体系中是指某一特定危害事件发生的可能性与后果严重性的组合。风险是指特定事件发生的概率和可能危害后果的函数：风险 = 可能性 × 后果的严重程度。

28. **危险**：是指可能导致事故的状态，它是指事物处于一种不安全的状态，是可能发生潜在事故的征兆。

29. **风险评价**：是指评估风险程度以及确定风险是否可允许的全过程。

30. **风险控制**：是利用工程技术、教育和管理手段消除、替代和控制危害因素，防止发生事故、造成人员伤亡和财产损失。

31. **工作前安全分析**：是指在作业前，由作业负责人组织施工作业人员辨识作业环境、场地、设备工具、人员，以及整个作业过程中存在的危害，从而提前制定防范措施、避免或减少事故发生的一种风险防控方法。

32. **事故**：是人（个人或集体）在为实现某种意图而进行的活动过程中，突然发生的、违反人的意志的、迫使活动暂时或永久停止的事件。

33. **事件**：发生或可能发生与工作相关的健康损害或人身伤害（无论严重程度），或者死亡情况。事件的发生可能造成事故，也可能并未造成任何损失，因此说事件包括事故。

34. **两书一表**：是中国石油天然气集团有限公司基层组织 HSE 管理的基本模式，是 HSE 管理体系在基层安全生产管控的具体实施方法。"两书一表"是"HSE 作业指导书""HSE 作业计划书"和"HSE 现场检查表"。

35. **属地**：员工所负责日常管理的工作区域，可包含作业场所、实物资产和人员。属地应有明确的范围界限，有具体的管理对象（人、物等），有清晰的标准和要求。

36. **属地管理**：对属地内的管理对象按标准和要求进行组织、协调、领导和控制。

（二）问答题

1. **哪些物质易产生静电？**

金属、木柴、塑料、化纤、油制品等易产生静电。

2. **产生静电的条件是什么？**

在高温、高压、干燥、相对湿度低的情况下易产生静电。

3. **为什么静电能将可燃物引燃？**

因为可燃性气体及蒸气与空气混合的最小引燃能量为 0.009mJ，可燃性气体与氧气混合的最小引燃能量为 $0.0002 \sim 0.0027$mJ，粉尘的最小引燃能量为 560mJ，通常静电放出的电火花能量，完全能使可燃物引燃。

4. **防止静电有哪几种措施？**

增加湿度。采用感应式静电消除器。采用高压电晕放电式消除器。采用离子流静电消除器。采用防静电鞋。采用防静电服经地面导电。

5. 消除静电的方法有几种？

（1）静电接地。（2）增湿。（3）加抗静电添加剂。（4）静电中和器。（5）工艺控制法。

6. 触电方式有哪几种类型？

触电方式主要分为单相触电、两相触电、跨步电压与接触电压触电、感应电压触电、雷击触电。

7. 人体发生触电的原因是什么？

在电路中，人体的一部分接触相线，另一部分接触其他导体，就会发生触电。触电的原因：（1）违规操作。（2）绝缘性能差漏电，接地保护失灵，设备外壳带电。（3）工作环境过于潮湿，未采取预防触电措施。（4）接触断落的架空输电线或地下电缆漏电。

8. 发生人身触电应该怎么办？

（1）当发现有人触电时，应先断开电源。（2）在未切断电源时，为争取时间可用干燥的木棒、绝缘物拨开电线或站在干燥木板上或穿绝缘鞋用一只手去拉触电者，使之脱离电源，然后进行抢救。人在高处应防止脱电后落地摔伤。（3）触电后昏迷但又有呼吸者应抬到温暖、空气流通的地方休息，如呼吸困难或停止，就立即进行人工呼吸。

9. 预防触电事故的措施有哪些？

采用安全电压。保证绝缘性能。采用屏护。保持安全距离。合理选用电器设备。装设漏电保护器。保护接地与接零等。

10. 如何使触电者脱离电源？

（1）尽快断开与触电者有关的电源开关。（2）用相适应的绝缘物使触电者脱离电源。(3) 现场可采用短路法使断路器跳闸或用绝缘杆挑开导线。(4) 脱离电源时要防止触电者摔伤。

11. 触电的现场急救方法主要有几种？

人工呼吸法、人工胸外心脏按压法两种。

12. 触电急救有哪些原则？

进行触电急救，应坚持迅速、就地、准确、坚持的原则。

13. 触电急救要点是什么？

(1) 迅速切断电源。(2) 若无法立即切断电源时，用绝缘物品使触电者脱离电源。(3) 保持呼吸道畅通。(4) 立即呼叫"120"急救电话，请求救治。(5) 如呼吸、心跳停止，应立即进行心肺复苏。(6) 妥善处理局部电烧伤的伤口。

14. 如何判定触电伤员的呼吸、心跳？

触电伤员如意识丧失，应在 10s 内，用看、听、试的方法，判定伤员呼吸心跳情况。看：看伤员的胸部、腹部有无起伏动作；听：用耳贴近伤员的口鼻处，听有无呼气声音；试：试测口鼻有无呼气的气流。再用两手指轻试一侧（左或右）喉结旁凹陷处的颈动脉有无搏动。若看、听、试结果，既无呼吸又无颈动脉搏动，可判定呼吸心跳停止。

15. 如何进行口对口（鼻）人工呼吸？

在保持伤员气道通畅的同时救护人员用放在伤员额上的手指捏住伤员鼻翼，救护人员深吸气后，与伤员口对口紧合，在不漏气的情况下，先连续大口吹气两次，每次 11.5s。如两次吹气后试测颈动脉仍无搏动，可判断心跳已经停止，要立即同时进行胸外按压。除开始时大口吹气两次外，正常口对口（鼻）呼吸的吹气量不需过大，以免引起胃膨胀，吹气和放松时要注意伤员胸部应有起伏的呼吸动作。触电伤员如牙关紧闭，可口对鼻人工呼吸。口对鼻人工呼吸吹气时，要将伤员嘴唇紧闭，防止漏气。

16. 如何对伤员进行胸外按压？

（1）救护人员右手的食指和中指沿触电伤员的右侧肋弓下缘向上，找到肋骨和胸骨接合处的中点。（2）两手指并齐，中指放在切迹中点（剑突底部），食指平放在胸骨下部。（3）另一只手的掌根紧挨食指上缘，置于胸骨上，找准正确按压位置。（4）救护人员的两肩位于伤员胸骨正上方，两臂伸直，肘关节固定不屈，两手掌根相叠，手指翘起，不接触伤员胸壁。（5）以髋关节为支点，利用上身的重力，垂直将正常人胸骨压陷 3～5cm（儿童和瘦弱者酌减）。（6）压至要求程度后，立即全部放松，但放松时救护人员的掌根不得离开胸壁。按压必须有效，有效的标志是按压过程中可以触及颈动脉搏动。

17. 心肺复苏法操作频率有什么规定？

（1）胸外按压要以均匀速度进行，每分钟 100 次左右，每次按压和放松的时间相等。（2）胸外按压与口对口（鼻）人工呼吸同时进行，其节奏为：单人抢救时，每按压 30 次后吹气 2 次（30∶2），反复进行；双人抢救时，每按压 5 次后由另一人吹气 1 次（5∶1），反复进行。

18. 烧烫伤急救要点是什么？

（1）迅速熄灭身体上的火焰，减轻烧伤。（2）用冷水冲洗、冷敷或浸泡肢体，降低皮肤温度。（3）用干净纱布或被单覆盖和包裹烧伤创面，切忌在烧伤处涂各种药水和药膏。（4）可给烧伤伤员口服自制烧伤饮料糖盐水，切忌给烧伤伤员喝白开水。（5）搬运烧伤伤员，动作要轻柔、平稳，尽量不要拖拉、滚动，以免加重皮肤损伤。

19. 高空坠落急救要点是什么？

（1）坠落在地的伤员，应初步检查伤情，不要搬动摇晃。（2）立即呼叫"120"急救电话，请求救治。（3）采取初步急救措施：止血、包扎、固定。（4）注意固定颈部、胸腰部脊椎，搬运时保持动作一致平稳，避免脊柱弯曲扭动加重伤情。

20. 哪些伤害必须就地抢救？

触电、中毒、淹溺、中暑、失血。

21. 外伤急救步骤是什么？

止血、包扎、固定、送医院。

22. 有害气体中毒急救措施有哪些？

（1）气体中毒开始时有流泪、眼痛、呛咳、眼部干燥等症状，应引起警惕，稍重时头昏、气促、胸闷、眩晕，严重时会引起惊厥昏迷。（2）怀疑可能存在有害气体时，应立即将人员撤离现场，转移到通风良好处休息，抢救人员进入险区必须佩戴正压式空气呼吸器。（3）已昏迷病员应保持气道通畅，有条件时给予氧气呼入，呼吸心跳骤停者，按心肺复苏法抢救，并联系急救部门或医院。（4）迅速查明有害气体的名称，供医院及早对症治疗。

23. 电弧灼伤的处理方法是什么？

电弧灼伤是由弧光放电造成的伤害，电弧灼伤一般分为三度：一度，灼伤部位轻度变红，表皮受伤；二度，皮肤大面积烫伤，烫伤部位出现水泡；三度，肌肉组织深度灼伤，皮下组织坏死，皮肤烧焦。（1）如果是一度灼伤，首先是第一时间迅速找到水源，用干净缓和的水冲洗伤口，防止热导致烧伤面积扩大。（2）当触电者的皮肤严重灼伤时，必须先将其身上的衣服和鞋袜特别小心地脱下，最好用剪刀一块块剪下。由于灼伤部位伤口会有分泌物，容易化脓溃烂，长期不能治愈，所以救护人员的手不得接触触电者的灼伤部位，不得在灼伤部位上涂抹油膏、油脂或其他护肤油。应在灼伤部位覆盖消毒的无菌纱布有条件的可以使用冰覆，冰覆减少疼痛和伤口皮肤继续加重、坏死，有利于治愈。对灼伤者进行急救后，应立即将其送往医院治疗。

24. 安全用电注意事项有哪些？

（1）手潮湿（有水或出汗）不能接触带电设备和电源线。（2）各种电器设备，如电动机、启动器、变压器等金属外壳必须有接地线。（3）电路开关一定要安装在火线上。（4）在接、换熔断丝时，应切断电源。熔断丝要根据电路中的电流大小选用，不能用其他金属代替熔断丝。（5）正确地选用电线，根据电流的大小确定导线的规格及型号。（6）人体不要直接与通电设备接触，应用装有绝缘柄的工具（绝缘手柄的夹钳等）操作电器设备。（7）电器设备发生火灾时，应立即切断电源，并用二氧化碳灭火器灭火，切不可用水或泡沫灭火器灭火。（8）高大建筑物必须安装避雷器，如发现温升过高，绝缘下降时，应及时查明原因，消除故障。（9）发现架空电线破断、落地时，人员要离开电线地点 8m 以外，要有专人看守，并迅速组织抢修。

25. 燃烧分为哪几类？

燃烧按形成的条件和瞬间发生的特点，分为闪燃、着火、自燃、爆燃四种。

26. 燃烧必须具备哪几个条件？

燃烧必须具备三个条件：（1）要有可燃物，如木材、纸张、棉纱、汽油、煤油、润滑油。（2）要有助燃物，即空气中的氧或纯氧。（3）要达到着火的温度，即达到物质的燃点。着火的三要素必须同时存在，缺少一个也不能燃烧。

27. 灭火有哪些方法？

冷却法、窒息法、隔离法三种。

28. 电气火灾的特点是什么？

电气线路和设备发生火灾，一般形成两种情况，一是电气线路和设备起火后，将周围的可燃物引燃；二是电气线路和设备本身的燃烧，线路起火往往形成一条"火龙"。处置电气线路和设备火灾的关键是，既要防止人员的触电伤亡事故，又要尽快将火势控制住或扑灭掉。

29. 带电扑灭火灾应注意什么？

（1）应按灭火剂的种类选择适当的灭火器。干粉灭火器可用于带电灭火，泡沫灭火器不宜用于带电灭火。（2）用水枪灭火时宜采用喷雾水枪，使用普通直流水枪灭火时，应将水枪喷嘴接地，人员应穿戴绝缘手套和绝缘靴。（3）灭火时人体与带电体之间保持必要的安全距离。用水灭火时，水枪喷嘴至带电体的距离不应小于3m。用灭火器灭火时，喷嘴至带电体的距离不应小于0.4m。（4）灭火时带电导线跌落地面，要划出一定的警戒区，防止跨步电压伤人。

30. 如何报火警？

一旦失火，要立即报警，报警越早，损失越小，打电话时，一定要沉着。首先要记清火警电话"119"，接通电话后，要向接警中心讲清失火单位的名称地址、什么东西着火、火势大小，以及火的范围。同时还要注意听清对方提出的问题，以便正确回答。随后，把自己的电话号码和姓名告诉对方，以便联系。打完电话后，要立即派人到交叉路口等待消防车的到来，以利于引导消防车迅速赶到火灾现场。还要迅速组织人员疏散消防通道，消除障碍物，使消防车到达火场后能立即进入最佳位置灭火救援。

31. 目前油田常用的灭火器有哪些？

目前油田常用的灭火器有泡沫灭火器、二氧化碳灭火器、干粉灭火器等。

32. 油气站库常用的消防器材有哪些？

油气站库常用的消防器材有灭火器、消防桶、消防锹、消防砂、消防镐、消防钩、消防斧等。

33. 手提式干粉灭火器如何使用？适用哪些火灾的扑救？

（1）使用方法：首先拔掉保险销，然后一手将拉环拉起或压下压把，另一只手握住喷管，对准火源。（2）适用范围：扑救液体火灾、带电设备火灾和遇水燃烧等物品的火灾，特别适用于扑救气体火灾。

34. 如何检查管理干粉灭火器？

（1）放置在通风、干燥、阴凉并取用方便的地方。（2）避免高温、潮湿和腐蚀严重的场合，防止干粉灭火剂结块、分解。（3）每季度检查干粉是否结块。（4）检查压力显示器的指针应在绿色区域。（5）灭火器一经开启必须再充装。

35. 使用干粉灭火器的注意事项有哪些？

（1）要注意风向和火势，确保人员安全。（2）操作时要保持竖直不能横置或倒置，否则易导致不能将灭火剂喷出。

36. 油、气、电着火该如何处理？

（1）切断油、气、电源，放掉容器内压力，隔离或搬走易燃物。（2）刚起火或小面积着火，在人身安全得到保证的情况下要迅速灭火，可用灭火器、湿毛毡、棉衣等灭火，若不能及时灭火，要控制火势，阻止火势向油、气方向蔓延。(3) 大面积着火，或火势较猛，应立即报火警。(4) 油池着火，勿用水灭火。(5) 电器着火，在没切断电源时，只能用二氧化碳、干粉等灭火器灭火。

37. 哪些场所应使用防爆电气设备？

在输送、装卸、装罐、倒装易燃液体的作业场所应使用防爆电气设备；在传输、装卸、装罐，倒装可燃气体的作业场所应使用封闭式电气设备。例如，在石油蒸汽聚集较多的轻油泵房、轻油罐桶间等场所，所使用的电动机、启动器、开关、漏电保护器、接线盒、插座、按钮、电铃、照明灯具等，都必须是防爆电气设备。

38. 为什么要使用防爆电气设备？

有石油蒸气的场所，电气设备发生短路、碰壳接地、触头分离等情况，会产生电火花，可能引起油蒸汽爆炸，因此，在有石油蒸汽场所，必须使用防爆型电气设备。

39. 防爆有哪些措施？

在爆炸条件成熟以前采取下述措施防爆：(1) 加强通风，降低形成爆炸混合物的浓度，降低危险等级。(2) 合理配备现代化防爆设备。(3) 采取科学仪器，从多方面监测爆炸条件的形成和发展，以便及时报警。

40. 漏电保护装置的作用有哪些？

(1) 用于防止由漏电引起的单相电击事故。(2) 用于防止由漏电引起的火灾和设备烧毁事故。(3) 用于检测和切断各种一相接地故障。(4) 有的漏电保护装置还可用于过载、过压、欠压和缺相保护。

41. 生产事故的"四不放过"原则是什么？

(1) 事故原因未查明不放过。(2) 责任人员未处理不放过。（3）整改措施未落实不放过。（4）有关人员未受到教育不放过。

42. 登高巡回检查应注意什么？

（1）五级以上大风、雪、雷雨等恶劣天气，禁止登高检查。（2）禁止攀登有积雪、积冰的梯子。（3）2m 以上的登高检查和作业时必须系安全带。

43. 高处坠落的原因是什么？

高处坠落的原因：（1）扶梯腐蚀、损坏。（2）同时上梯人数超过规定。（3）冰雪天气操作时未做好防滑措施。（4）在设备上操作时未佩戴安全带或安全带悬挂位置不合适。

44. 高处坠落的消减措施是什么？

（1）做好防腐工作并定期检查。（2）一次上梯人数不能超过三人。（3）冰雪天气操作前做好防滑措施，可采用砂子防滑。（4）在设备上操作时，应按规定佩戴安全带并选择合适位置。

45. 安全带通常使用期限为几年？几年抽检一次？

安全带通常使用期限为 35 年，发现异常应提前报废。一般安全带使用 2 年后，按批量购入情况应抽检一次。

46. 使用安全带时有哪些注意事项？

（1）安全带应高挂低用，注意防止摆动碰撞，使用 3m 以上的长绳时应加缓冲器，自锁钩用吊绳例外。（2）缓冲器、速差式装置和自锁钩可以串联使用。（3）不准将绳打结使用，也不准将钩直接挂在安全绳上使用，应挂在连接环上用。（4）安全带上的各种部件不得任意拆卸，更换新绳时应注意加绳套。

47. 哪些原因容易导致发生机械伤害？

（1）工、夹具、刀具不牢固，导致工件飞出伤人。（2）设备缺少安全防护设施。（3）操作现场杂乱，通道不畅通。（4）金属切屑飞溅等。

48. 为防止机械伤害事故，有哪些安全要求？

对机械伤害的防护要做到"转动有罩、转轴头套、区域有栏"，防止衣袖、发辫和手持工具被绞入机器。

49. 机泵容易对人体造成哪些直接伤害？

（1）夹伤：在工作中使用工具不当时会夹伤手指。（2）撞伤：在受到机泵的运动部件的撞击时会造成伤害。（3）接触伤害：当人体接触到机泵高温或带电部件时造成伤害。（4）绞伤：头发、衣物等卷入机泵的转动部件造成伤害。

50. 电力安全工器具分为几类？

电力安全工器具分为绝缘安全工器具、一般防护安全工器具、安全围栏（网）和标示牌三大类：

（1）绝缘安全工器具又分为基本和辅助两种绝缘安全工器具：①基本绝缘安全工器具是指能直接操作带电设备、接触或可能接触带电体的工器具，如电容型验电器、绝缘杆、绝缘隔板、携带型短路接地线、个人保安接地线、核相器等。②辅助绝缘安全工器具是指绝缘强度不是承受设备或线路的工作电压，只是用于加强基本绝缘安全工器具的保安作用，用以防止接触电压、跨步电压、泄漏电流电弧对操作人员的伤害，不能用辅助绝缘安全工器具直接接触高压设备带电部分，如绝缘手套、绝缘靴（鞋）、绝缘胶垫等。（2）一般防护安全工器具（一般防护用具）是指防护工作人员发生事故的工器具，如安全帽、安全带、梯子、安全绳、脚扣、防静电服（静电感应防护服）等。（3）安全标示牌包括各种安全警告牌、设备标示牌等。

51. 安全帽可以在哪几种情况下保护人的头部？

（1）飞来或坠落下来的物体击向头部时。（2）当作业人员从 2m 及以上的高处坠落下来时。（3）当头部有可能触电时。（4）在低矮的部位行走或作业，头部有可能碰撞到尖锐、坚硬的物体时。

52. 保证安全的组织措施有哪些？

保证安全的组织措施一般包括工作票制度，工作许可制度，工作监护制度，工作间断、转移和终结以及恢复送电制度。

53. 保证安全的技术措施有哪些？

保证安全的技术措施有停电、验电、装设接地线、悬挂标示牌和装设遮栏（围栏）。

54. 验电多长时间装设接地线？为什么要装设接地线？

（1）当验明设备确无电压后，应立即将检修设备接地（装设接地线或合接地刀闸）并三相短路。电缆及电容器接地前应逐相充分放电，星形接线电容器的中性点应接地。（2）这是保护工作人员在工作地点防止突然来电的可靠安全措施，同时设备断开部分的剩余电荷，亦可因接地而放尽。

55. 电工常用绝缘安全用具试验周期是如何规定的？

电工常用绝缘安全用具试验周期见表 9。

表 9　电工常用绝缘安全用具试验周期

序号	名称	额定电压，kV	周期	工频耐压，kV	持续时间，min	试验长度，m	说明
1	绝缘杆	10 35 66 110	1 年	45 95 175 220	1	0.7 0.9 1.0 1.3	

续表

序号	名称	额定电压，kV	周期	工频耐压，kV	持续时间，min	试验长度，m	说明
2	绝缘隔板	635	1 年	60	1	—	表面工频耐压试验
		610 35		30 80			工频耐压试验
3	绝缘罩	610 35	1 年	30 80	1	—	
4	绝缘夹钳	10 35	1 年	45 95	1	0.7 0.9	
5	电容型验电器	10 35 66 110	1 年	45 95 175 220	1	0.7 0.9 1.0 1.3	
		—	1 年	启动电压值不高于额定电压的40%，不低于额定电压的15%（试验时接触电极应与试验电极相接触）			启动电压试验
6	绝缘手套	高压	半年	8	1	—	泄漏电流≤9mA
7	绝缘靴	—	半年	15	1	—	泄漏电流≤7.5mA
8	绝缘绳	—	半年	100/0.5m	5	—	
9	绝缘胶垫	高压 低压	1 年	15 3.5	1	—	使用于带电设备区域

序号	名称	额定电压，kV	周期	工频耐压，kV	持续时间，min	试验长度，m	说明
10	携带型短路接地线	—	≤5 年	在各接线鼻之间测量直流电阻，对于 25mm²、35mm²、50mm²、70mm²、95mm²、120mm² 的各种截面，平均每米的电阻分别小于 0.79mΩ、0.56mΩ、0.40mΩ、0.28mΩ、0.21mΩ、0.16mΩ			成组直流电阻试验（同一批次抽测，不少于 2 条，接线鼻与软导线压接的应做该试验）
		10 35 66 110	5 年	45 95 175 220	1	—	操作棒（试验电压加在护环与紧固头之间）

56.《电力安全工作规程》中规定电气工作人员应具备哪些条件？

（1）经医师鉴定，无妨碍工作的病症（体格检查至少每两年一次）。（2）具备必要的安全生产知识和技能，从事电气作业的人员应掌握触电急救等救护法。（3）具备必要的电气知识和业务技能，熟悉电气设备及其系统。

57.《电力安全工作规程》中规定人员工作中与带电部分的安全距离是多少？

人员工作中与带电部分的安全距离见表 10。

表 10　人员工作中与带电部分的安全距离

电压等级，kV	距离，m
10 及以下	0.35
20、35	0.60
66、110	1.50
220	3.00

58.《电力安全工作规程》要求有几种标示牌？各是什么？

《电力安全工作规程》要求的标示牌共 7 种。这 7 种标示牌是：（1）禁止合闸，有人工作！（2）禁止合闸，线路有人工作！（3）在此工作！（4）止步，高压危险！（5）从此上下！（6）从此进出！（7）禁止攀登，高压危险！

59.《电力安全工作规程》中规定电气操作方式和操作分类各是什么？

（1）操作方式：就地操作、遥控操作和程序操作三种方式。（2）操作分类：监护操作单人操作和程序操作。

60.《电力安全工作规程》中规定低压回路停电工作的安全措施有哪些？

（1）停电、验电、接地、悬挂标示牌或采用绝缘遮蔽措施。（2）邻近的有电回路、设备加装绝缘隔板或绝缘材料包扎等措施。（3）停电更换熔断器后恢复操作时，应戴手套和护目眼镜。

61.高风险作业包括哪些？

动火作业、进入受限空间作业、移动式起重机吊装作业、管线打开作业、挖掘作业、临时用电、高处作业。

62.高处作业分级是如何划分的？

（1）一级高处作业：作业高度在大于 30m。（2）二级高处作业：作业高度在大于 5m 且小于等于 30m。（3）三级高处作业：作业高度在大于等于 2m 且小于等于 5m。

63. 移动式吊装作业分级是如何划分的？

（1）一级吊装作业：吊装重物的重量大于等于 40t。（2）二级吊装作业：吊装重物的重量大于等于 5t 且小于 40t。（3）三级吊装作业：吊装重物的重量小于 5t。

64. 临时用电作业分级是如何划分的？

（1）一级临时用电作业：临时用电设备总容量大于等于 300kW。（2）二级临时用电作业：临时用电设备在 5 台（含 5 台）以上或用电设备总容量大于 50kW（含 50kW）小于 300kW。（3）三级临时用电作业：临时用电设备在 5 台以下或用电设备总容量小于 50kW。

65. 生产安全事故隐患的定义是什么？

生产安全事故隐患是指不符合安全生产法律、法规、标准、规程和安全生产管理规定，或因其他因素，在生产经营活动中存在可能导致事故发生或者导致事故后果扩大的人的不安全行为、物的不安全状态和管理上的缺陷。

66. 我国目前使用的安全色主要有哪几种？并说明各自表示什么？

（1）红色：表示禁止、停止，也代表防火。

（2）蓝色：表示指令或必须遵守的规定。

（3）黄色：表示警告、注意。

（4）绿色：表示安全状态、提示或通行。

67. 安全标志分为几类？

安全标志为分禁止标志、警告标志、指令标志、提示标志 4 类。

第三部分
基本技能

 操作技能

1. 使用活动扳手松、紧螺母。

准备工作：

（1）正确穿戴劳动保护用品。

（2）工用具、材料准备：300mm 活动扳手 1 把。

操作程序：

（1）选择与螺母规格相应规格的扳手，调节活动扳手的蜗轮使扳口适合螺母规格。

（2）顺时针转动手柄即拧紧，逆时针转动即松开。

（3）对反扣的螺母要按（2）中相反方向使用。

（4）小螺母握点向前，大螺母握点向后。

操作安全提示：

（1）使用过程中不能用力过猛，防止滑脱。

（2）临近带电作业要防止触电或短路。

（3）扳手使用时，一律严禁带电操作。

（4）任何时候不得将扳手当手锤使用。

（5）使用活动扳手时，应随时调节扳口，使扳口紧密地卡住螺母，以免螺母脱角滑脱。

（6）活动扳手不得反用，也不得加长手柄施力使用。

（7）扳口粘有油污、油脂，在扳手工作时易滑脱。

2. 使用钢丝钳制作导线连接接头。

准备工作：

（1）正确穿戴劳动保护用品。

（2）工用具、材料准备：钢丝钳1把、导线若干。

操作程序：

（1）拇指与四指握住钳柄，其中小指与另三指卡住另一钳柄，可使钳嘴自由张开、闭合，拇指与四指共同用力时，可使刀口紧闭，剪断导线或固定元件。

（2）用拇指与四指握住钳柄，可用于连接导线时敲打连接部位，使之整形。

（3）钳嘴叼住导线可使导线弯成一定形状或固定螺母。

（4）制作多股镀锌铁丝拉线时，可用钳口轻拧铁丝缠绕。

操作安全提示：

（1）禁止用绝缘套管损坏的钢丝钳上电操作，且要事先检查钢丝钳钳柄绝缘套管的绝缘耐压值，应不低于500V。

（2）连轴处应点少许机油，使之活动自如。

（3）不得用于紧固镀锌螺母，以免螺母镀层受损而生锈、起刺。

（4）除连接导线外不得当锤子使用。

（5）钳柄不带绝缘套的钢丝钳，禁止在带电的情况下使用。

（6）禁止同时剪切零、火线或同时剪切两根相线，以防短路。

3. 使用螺钉旋具松、紧螺钉。

准备工作：

（1）正确穿戴劳动保护用品。

（2）工用具、材料准备：一字形螺钉旋具 1 把、十字形螺钉旋具 1 把、螺钉若干。

操作程序：

（1）选择与螺钉顶槽相同且规格相应的旋具。

（2）用手握紧旋具手柄，插入螺钉顶槽并与螺钉成一垂线，用力顶住螺钉，顺时针转动手柄即拧紧，逆时针转动即松开。

操作安全提示：

（1）电工必须使用带绝缘手柄的旋具。

（2）紧握手柄和用力顶住螺钉转动手柄，三者一致，同时用力，否则会损坏螺钉。

（3）握手柄时不得触及旋具的金属部分，以养成良好的握柄习惯，避免带电作业时触电。

（4）在木制品上固定元件时，应先用锥子在木制品上扎眼，再用旋具拧紧螺钉，除此外旋具不得他用。

（5）电工禁止使用穿心螺钉旋具，不安全。

（6）螺钉旋具头部厚度应与螺钉尾槽相配合，禁止用小螺钉旋具旋拧大螺钉。

（7）十字形螺钉旋具应用于十字形螺钉，禁止不按螺钉尺寸选用螺钉旋具。

（8）禁止将螺钉旋具当錾子、撬棍使用。

4. 使用游标卡尺测量工件。

准备工作：

（1）正确穿戴劳动保护用品。

（2）工用具、材料准备：游标卡尺1把、被测工件1件。

操作程序：

（1）检查游标卡尺的外观有无损伤，固定螺母有无松动，主、副尺零线是否对齐。

（2）清理被测物表面，使其洁净。

（3）轻轻推动游标夹住被测物，并使被测物垂直卡尺。

（4）读数并记录测量结果。

操作安全提示：

（1）严禁测量粗糙的毛坯表面，以防磨损量爪。

（2）严禁作为其他工具代用品，如钩切屑、敲打等。

（3）禁止使用有问题的游标卡尺。

（4）读数时要防止视觉误差，要正视。

（5）测量时要松紧适度，读数前要旋紧固定螺钉，禁止游标移动。

（6）禁止游标卡尺与其他工具叠放在一起。

（7）游标卡尺禁止放在火炉边、太阳下、强磁场旁。

5. 使用外径千分尺测量工件。

准备工作：

（1）正确穿戴劳动保护用品。

（2）工用具、材料准备：外径千分尺1把、被测工件1件。

操作程序：

（1）检查外径千分尺的误差情况，转动棘轮，使两个测量面接合，无间隙使基准线对准"0"。

（2）清理被测物表面，使其洁净。

（3）并使被测物垂直外径千分尺卡口。用左手拿尺架的绝缘板，右手旋动粗调旋钮轻轻夹住被测物。

（4）轻轻转动测力装置，当测力装置发出打滑的声音时旋动细调旋钮至适当位置。

（5）读数并记录测量结果。

操作安全提示：

（1）要多测几点取平均值。

（2）在使用外径千分尺时，应手握隔热装置，禁止直接握住尺架，避免热传导引起的误差。

（3）测量时不要用测量杆的局部端面接触工作面，但允许千分尺轻微移动。

（4）测量头与工件接触时，应考虑工件表面几何形状。

（5）禁止用千分尺测量毛坯件和运动的工件，以防磨损千分尺工作面。

（6）禁止在千分尺的微分筒和固定套管之间加酒精、柴油和润滑油。

（7）防止脏物浸入千分尺的测微螺杆内。

（8）使用千分尺时禁止用力过大或撞击，以免千分尺损坏。

（9）禁止将千分尺存放在温度较高、温差较大的场所。

（10）千分尺不能与其他工具混放在一起，要放在专用盒内。

（11）禁止采用一种规格外径千分尺测量各种工件（应根据被测尺寸大小和公差等级选用合适的千分尺）。

6. 使用剥线钳剥导线。

准备工作：

（1）正确穿戴劳动保护用品。

（2）工用具、材料准备：剥线钳 1 把、导线若干。

操作程序：

（1）拇指与四指握住钳柄，其中小指与另三指卡住另一钳柄，可使钳嘴自由张开、闭合。

（2）一手握住钳柄，一手将带绝缘层的导线插入相应直径的剥线口中，卡好尺寸后用力一握手柄，即可把插入部分的绝缘层割断自动去掉，并不损伤导线。

操作安全提示：

（1）使用前应检查绝缘，以免损坏后使用时触电或发生意外。

（2）使用时应量好剥切尺寸，插入剥线口应与导线的直径相适应。

7. 使用压接钳连接导线。

准备工作：

（1）正确穿戴劳动保护用品。

（2）工用具、材料准备：压接钳1把、连接管若干、导线若干。

操作程序：

（1）清除导线连接部位的污垢，用汽油洗净。

（2）选用与导线规格相适应的连接管，然后用汽油洗净，并画好压点位置。

（3）将导线和衬垫插入连接管内，衬垫应置于两线之间，导线各露出管口20mm。

（4）按导线规格选择合适的压模装在钳口上，并将连接管放在压模口内起动压钳，按规定的顺序和标定位置压接导线，每压一处后应停留30s，直到压完。

（5）清除飞边、毛刺，然后在连接管处涂防锈漆。

操作安全提示：

（1）压模分铝绞线、钢绞线和钢芯铝绞线三种，规格应与导线对应。

（2）压好第一模后应检查凹深，合格后再压，不合格时要锯断重新开始。

（3）管口部位的导线不得有机械损伤。

（4）压接完的管口也不得有机械损伤。

（5）导线与连接管孔径间隙相配。若选配的导线与连接管间隙过小，压接后，连接管发生开裂，导线极易压伤。若间隙过大，则连接管与导线变形甚微，导线易从连接管孔中拉脱。

8. 使用电工刀剖削导线绝缘层。

准备工作：

（1）正确穿戴劳动保护用品。

（2）工用具、材料准备：电工刀 1 把、$4mm^2$ 绝缘导线若干。

操作程序：

（1）用电工刀剖削电线绝缘层时，刀以 45°角切入，接着以 25°角用力向线端推削，削去绝缘。切忌把刀刃垂直对着导线切割绝缘层，因为这样容易割伤电线线芯。

（2）对双芯护套线外层绝缘的剥削，可以用刀刃对准两芯线的中间部位，把导线一剖为二。

操作安全提示：

（1）电工刀的刀刃部分要磨得锋利才好剥削电线，但不可太锋利，太锋利容易削伤线芯，磨得太钝，则无法剥削绝缘层。

（2）电工刀用完后应折回刀稍。

（3）不恰当的使用可能导致割伤。

（4）禁止使用电工刀剖削带电导线。

9. 使用錾子凿电缆沟、槽。

准备工作：

（1）正确穿戴劳动保护用品。

（2）工用具、材料准备：錾子1把、手锤1把。

操作程序：

（1）在需要凿出电缆沟、槽的墙或地面画出要錾削的位置。

（2）一手握錾，一手握锤，两手配合使用。

（3）在墙体上开凿时，如被凿位置较高，应站在凳子上将凿削位置调整到与头的中部对齐，如较低时可坐下或蹲下且被凿削位置应与头的中部对齐，如太低时（如300mm的插座孔）则应背对墙体弯腰后，錾部紧贴墙体使被凿位置位于持锤侧，然后低头操作，另一手从膝盖前握錾置于被凿处。

（4）开凿时錾子应与工作面垂直，锤子打击錾子端部且应整个锤头面与之撞击，初学者打击速度应慢一点，眼应看錾与墙接触部位，移动案子的位置时，其距錾应小一点，打击15次可移动一下，打击次数按坚硬程度决定，较松软时12次，较坚硬时45次，凭感觉调整。

操作安全提示：

（1）使用錾子时应戴护目镜，握錾子的手应戴手套，且不得握得太紧，顶部应露出20～30mm。

（2）錾子的顶部起飞刺较多时应及时修整，一般可将顶部锯掉5～10mm。

（3）随时用錾子本身将錾出物扫出。

（4）高处作业时，站立位置不当可能导致摔伤，下部不得有人。

（5）不熟练或使用不当可能导致砸伤。

（6）开凿墙内隐含带电电线部位的沟、槽、洞可能导致触电。

（7）连续工作的錾子温度升高，手摸可能烫伤。

10. 使用安全带作业。

准备工作：

（1）正确穿戴劳动保护用品。

（2）工用具、材料准备：安全带1副。

操作程序：

（1）使用前应检查组件是否完整、有无短缺、有无伤残破损。

（2）安全带的腰带应绑扎在身体臀部偏上的位置，并且穿上防脱环。

（3）安全带的安全绳应系在牢固的物体上，禁止系挂在移动或不牢固的物件上。不得系在棱角锋利处，卡环套上后要关闭保险环。

（4）安全带的安全绳要高挂和平行拴挂，严禁低挂高用。

（5）在杆塔上工作时，应将安全带后备保护绳系在安全牢固的构件上（带电作业视其具体任务决定是否系后备安全绳），不得失去后备保护。

操作安全提示：

（1）安全带使用期一般为35年，发现异常应提前报废。

（2）安全带的腰带和保险带、绳应有足够的机械强度，材质应有耐磨性，卡环（钩）应具有保险装置。保险带、绳使用长度在 3m 以上的应加缓冲器。

（3）日常工作中应检查绳索、编带有无脆裂、断股或扭结。

（4）检查金属配件有无裂纹、焊接有无缺陷、有无严重锈蚀。

（5）检查挂钩的钩舌咬口是否平整、错位，保险装置是否完整可靠。

（6）检查铆钉有无明显偏位，表面是否平整。

（7）安全带本身存在严重缺陷时使用可能导致作业人员高空坠落。

（8）高空作业安全带的不正确使用也可能导致作业人员高空坠落或意外伤害。

11. 使用手电钻给工件钻孔。

准备工作：

（1）正确穿戴劳动保护用品。

（2）工用具、材料准备：手电钻 1 把、点冲 1 个、手锤 1 把、工件 1 件。

操作程序：

（1）先用点冲在工件上开孔位置点一小坑。

（2）选择相应的钻头安装在手电钻夹具上并夹紧。

（3）插上手电钻电源插头，先空试一下，然后正式开钻。

（4）将钻头垂直于工件面且置于小坑上，手握钻柄稍加压力后开动电源，渐渐加力直到钻透。

（5）钻透后不要关掉电源，应慢慢退回，当钻头走出工件外再关掉电源。

操作安全提示：

（1）使用手电钻必须遵守安全用电规程。

(2) 使用手电钻必须与钻头配合使用。

(3) 根据工件的厚度施加压力。

(4) 不得提拉电源线移动电钻。

(5) 当钻不透物体时应检查钻头，不得勉强用力。

(6) 用力不当或把握不牢会导致手部扭伤。

(7) 钻进时用力过猛、过大会导致设备损坏。

(8) 电钻受潮、淋雨会导致电钻漏电，使用人员触电。

12. 使用电烙铁焊接电子元件。

准备工作：

(1) 正确穿戴劳动保护用品。

(2) 工用具、材料准备：电烙铁 1 把、松香若干、焊锡若干、电子元件若干。

操作程序：

(1) 根据电子元件引脚粗细选择不同规格的烙铁，插上电源使烙铁预热 5 ～ 10min。

(2) 用砂纸、钢锉将电子元件焊接位置打磨干净除掉污物、油污并露出金属光泽，然后涂上焊剂。

(3) 待烙铁头温度达到 200℃左右时，先用烙铁头在松香盒内擦拭，并用焊丝在烙铁头上涂抹，使其叼住焊锡，上述操作不得关掉电源。

(4) 将烙铁头移在被焊工件涂焊剂处，预热工件，然后来回移动烙铁并用焊丝添加，即可焊接或镀锡，然后关掉电源。

操作安全提示：

(1) 镀锡和锡焊仅适用于铜、铁件。

(2) 烙铁应轻拿轻放，不得敲击。

(3) 烙铁头应经常在破布上擦拭，必要时应用砂布清污物，否则会影响使用。

（4）焊接过程中停顿时应将烙铁放在不便传热的支架上，以免烫坏其他物体。

（5）操作时不要乱甩，避免锡珠飞溅伤及他物或人。

（6）手握位置不当或操作不当可能会导致烫伤。

（7）内部接线不固定且长期使用会导致接线疲劳断裂而发生短路。

（8）误焊接带电线路可能会导致触电或短路。

13. 使用喷灯作业。

准备工作：

（1）正确穿戴劳动保护用品。

（2）工用具、材料准备：喷灯1台、喷灯专用油若干、引火用的棉丝若干。

操作程序：

（1）检查喷灯外观有无损坏或渗漏，并加油到2/3，拧紧加油孔螺栓。

（2）在预热盘中倒少量油并用棉纱蘸油后置于盘中点火预热3min。

（3）打气5次左右，松开放油调节阀喷油雾即可点火，再次打气，目测火焰到正常。

（4）加热操作，如使用中火焰渐弱则再次打气。

（5）用完后先关紧放油调节阀，火熄灭后待温度降低至常温再松开加油孔螺栓放气，放气完毕需拧紧螺栓防止漏油。

（6）将外部油污擦净，以备再次使用。

操作安全提示：

（1）任何时候喷灯均不得漏油。

（2）必须按原说明加原来的油，不得混装。

（3）使用中油位不得低于 1/4，使用中加油必须先松开加油孔螺栓放气，排空后加油。

（4）打气不可使压力太高，有小压力表的指针不得越过红线，小压力表应定期校验。

（5）加油及油料保管时不得有明火。

（6）使用喷灯，必要时应备灭火器。

（7）使用不当可能导致火灾、烫伤或爆炸。

（8）临近带电设备作业可能导致意外触电。

14. 使用低压验电笔验电。

准备工作：

（1）正确穿戴劳动保护用品。

（2）工用具、材料准备：验电笔 1 支。

操作程序：

（1）使用验电笔之前，首先要检查验电笔里有无安全电阻，再直观检查验电笔是否有损坏，有无受潮或进水，检查合格后才能使用。

（2）用手指捏住验电笔尾端 1/3，验电笔笔尖向前，手指接触验电笔尾端的金属部分。

（3）用验电笔前端的金属探头逐渐接近被测试的导体，并注意各部件及人体与导体的距离。

（4）观察氖泡是否发光，确定是否有电。如果光线太强，可用另一只手遮挡光线仔细判别。

操作安全提示：

（1）使用前应在有电的部位检查验电笔是否正常。禁止不经验证就直接使用。

（2）禁止低压验电笔在 500V 以上电压下使用。

（3）禁止用低压验电笔测 60V 以下电压。

（4）禁止采用全手握笔方法验电。

（5）禁止用手接触笔尖金属部分，避免在验电中使操作者触电。

（6）用损坏、受潮、进水的验电笔测试是否有电会导致触电。

（7）在有电的设备上使用损坏的验电笔得出无电的结果会导致触电或短路。

15. 使用高压验电器验电。

准备工作：

（1）正确穿戴劳动保护用品。

（2）工用具、材料准备：高压验电器 1 支、绝缘手套 1 副。

操作程序：

（1）双手戴绝缘手套。

（2）空试验电器的试验开关，发出声光报警则证明验电器正常。

（3）在确定有电的带电体上验证验电器是否好用。

（4）用单手或双手握住高压验电器的握柄，使金属钩触及被测物体，通过声光报警判断被测物体是否带电。

操作安全提示：

（1）手握部位不得超过护环。

（2）使用高压验电器时必须戴上绝缘手套。

（3）测试时现场必须有人监护。

（4）与带电体保持不小于 0.7m 的安全距离。

（5）不宜在湿度较大的天气进行室外操作，以免发生危险。

（6）操作时谨慎，避免发生短路事故。

（7）在防护不全时用损坏、受潮、进水的验电器测试是否有电可能会导致触电。

（8）在有电的设备上使用损坏的验电笔得出无电的结果会导致触电或短路。

16. 使用绝缘棒。

准备工作：

（1）正确穿戴劳动保护用品。

（2）工用具、材料准备：绝缘棒 1 套、绝缘手套 1 副、绝缘靴 1 双。

操作程序：

（1）使用前必须对绝缘棒进行外观检查，不能有裂纹、划痕等外部损伤，检查是否在检验合格期内。

（2）将绝缘棒旋接至合适的长度，拧紧，并用干布清洁绝缘棒表面。

（3）佩戴绝缘手套，穿绝缘靴。

（4）拿起绝缘棒，并要求手握部分应限制在允许范围内，不得超出防护罩或防护环。

（5）将绝缘棒的金属头逐步伸向被操作设备，并保持杆身、人体与带电体的距离。

（6）进行拉合操作，并注意杆头金属部件与金具的安全距离，防止短路。

操作安全提示：

（1）每年要对绝缘棒进行一次交流耐压试验，不合格的要立即报废，不可降低其标准使用。

（2）必须适用于操作设备的电压等级，且核对无误后才能使用。

（3）雨雪天气或绝缘棒受潮、进水可能会导致触电。必须在室外进行操作的，要使用带防雨雪罩的特殊绝缘操作杆。

（4）在连接绝缘棒的节与节的螺纹时，要离开地面，不可将杆体置于地面上进行，以防杂草、土进入螺纹中或黏附在杆体的外表上。

（5）相邻两节绝缘棒的螺纹要拧紧，不可将螺纹未拧紧的绝缘棒投入使用。

（6）使用时要尽量减少对杆体的弯曲力，以防损坏杆体。

（7）使用后要及时将杆体表面的污迹擦拭干净，并把螺纹拧开后分节装入一个专用的工具袋内。

（8）对绝缘棒要有专人保管，存放在屋内通风良好、清洁干燥的支架上或悬挂起来，尽量不要靠近墙壁，以防受潮，破坏其绝缘。

（9）使用不合格的绝缘棒或操作不当可能会导致触电或机械伤害。

（10）设备绝缘距离较短或空间较小时使用绝缘棒可能导致短路。

17. 检查、使用绝缘手套。

准备工作：

（1）正确穿戴劳动保护用品。

（2）工用具、材料准备：绝缘手套1副。

操作程序：

（1）使用前检查绝缘手套是否清洁，是否在检验合格期内。

（2）将手套从口部向上卷，稍用力将空气压至手掌及指头部分检查上述部位有无漏气，如有则不能使用。

（3）检查合格后即可戴绝缘手套进行操作，使用时注意防止尖锐物体刺破绝缘手套。

操作安全提示：

（1）使用经检验合格的绝缘手套（每半年检验一次）。

（2）使用后注意存放在干燥处，并不得接触油类及腐蚀性药品等。

（3）低压绝缘手套作为基本安全用具，可直接接触低压带电体。而高压绝缘手套只能作为辅助安全用具，不能直接接触高压带电体。

（4）绝缘手套使用后应存放在密闭的橱柜内，并与其他工具、仪表分别存放。

（5）使用不合格的绝缘手套可能导致触电。

（6）使用受潮、沾水的绝缘手套可能导致触电。

18.检查、使用绝缘靴。

准备工作：

（1）正确穿戴劳动保护用品。

（2）工用具、材料准备：绝缘靴 1 双。

操作程序：

（1）使用前检查绝缘靴是否清洁，是否在检验合格期内。

（2）将绝缘靴从口部向下卷，稍用力将空气压至靴底检查有无漏气，如有则不能使用。

（3）检查合格即可穿上绝缘靴进行操作，使用时注意防止尖锐物体刺破绝缘靴。

操作安全提示：

（1）绝缘靴在高压系统中只能作为辅助安全用具，不能直接接触高压带电体。

（2）绝缘靴应放在橱柜内，不准代替雨鞋使用，只限于在操作现场使用。

（3）绝缘靴试验周期为 6 个月。

（4）使用不合格的绝缘靴可能导致触电。

（5）使用受潮、沾水的绝缘靴可能导致触电。

19. 安装接地线。

准备工作：

（1）正确穿戴劳动保护用品。

（2）工用具、材料准备：绝缘手套 1 副、接地线 1 套。

操作程序：

（1）安装接地线前需对线路进行验电。

（2）检查接地线是否破损，连接是否牢固，是否在检验合格期内。检查铜线、绝缘杆及安装地点是否符合要求。

（3）安装接地端且连接牢固，临时接地棒的位置及长度、安装深度符合要求。

（4）登高或选取适当的地方站立，保证在操作时接地线尽量远离身体。

（5）手拿绝缘杆，将导体端逐渐接近离身体最近的导线并多次轻触导线，如无放电现象，将接地线的一个线夹夹在离身体最近的导线上。

（6）按照步骤（5）的方法在另外两相导线上挂接地线。

（7）拆除接地线时，必须按程序先拆远端，后拆近端；先拆导体端，后拆接地端。

操作安全提示：

（1）核实接地线绝缘杆的电压等级是否合乎标准，绝缘杆有无裂缝或孔洞。

（2）临时接地线应使用多股软裸铜线，裸铜线无散花、无死扣，截面不小于 25mm^2（导线外有塑料绝缘层的应视为裸线）。

（3）铜线与接地棒的连接、接地线卡子或线夹与软铜线的连接应牢固、无松动现象。

（4）安装接地线的过程中如有放电现象，应检查接地线安装地点是否正确，或确认线路是否停电。

（5）装设接地线的过程中操作不当可能导致作业人员触电。

（6）接地线破损、不合格或装设不当可能导致作业人员触电。

（7）需要装设接地线的地方未装设接地线可能导致作业人员触电。

（8）不需装设接地线的地方装设接地线可能导致短路及作业人员触电。

（9）装设接地线时必须先接接地端，后接导体端，先接近端，后接远端；拆除接地线时，必须先拆导体端，后拆接地端，先拆远端，后拆近端。

20. 使用指针式万用表测量电阻。

准备工作：

（1）正确穿戴劳动保护用品。

（2）工用具、材料准备：指针式万用表 1 块、电阻 1 只。

操作程序：

（1）先把转换开关旋到电阻的"Ω"挡范围内，再根据大致估值选择适当的电阻倍率挡。

（2）进行 Ω 挡校零。

（3）将表笔分别与被测电阻两端相连（注意勿用手指接触金属脚或表笔金属尖），若指针未在刻度尺 1/3 ～ 2/3 范围内，应变换倍率挡。

（4）按指针停留位置读取读数。

（5）测量完毕，收拾工作台，将万用表挡位调至交流电压最高挡。

操作安全提示：

（1）电阻若在线，应首先切断被测电路的电源和迂回支路，使该电阻所在支路呈开路状态。

（2）电阻挡若无法调至 Ω 零位，说明表内电池电压不足，更换电池。

（3）不能带电测量电阻。

（4）测电阻时不能用手触及电阻裸露两端，以免测量结果不准确。

（5）不规范的操作可能导致扎伤。

21. 使用指针式万用表测量交流电压。

准备工作：

（1）正确穿戴劳动保护用品。

（2）工用具、材料准备：指针式万用表 1 块、交流电源插座 1 处。

操作程序：

（1）检查表笔绝缘是否良好，表笔插接是否正确。

（2）将旋转开关先拨到交流电压"V"，然后选择适当的量程。

（3）将万用表笔的金属杆分别插入插座的 N 与 L 孔（与被测电路并联）。

（4）如不在此范围可拔下表笔换挡后重新测量。

（5）按指针停留位置读取读数。

（6）测量完毕，收拾测量场地，将万用表挡位调至交流电压最高挡。

操作安全提示：

（1）手握表笔的金属杆或表笔绝缘破损会导致触电。

（2）万用表挡位不正确可能导致触电或短路。

（3）不规范的操作可能导致扎伤。

（4）测量交流电压时黑红表笔可以任意接，不分正负。

（5）若不知被测电压的大约值，应先用最高挡位测出大约值后再选择合适的量程测量。

22. 使用指针式万用表判断二极管极性与性能。

准备工作：

（1）正确穿戴劳动保护用品。

（2）工用具、材料准备：指针式万用表 1 块、二极管 1 只。

操作程序：

（1）检查表笔绝缘是否良好，表笔插接是否正确。

（2）将万用表挡位置于 R×100，并进行表笔短接调零。

（3）分别将万用表的红、黑表笔与二极管的两端金属脚相接触（注意勿用手指接触金属脚或表笔金属尖）。

（4）若测得电阻值为几十到 1kΩ 说明是正向电阻，这时黑表笔接的就是二极管的正极，红表笔接的就是二极管的负极。若测出的电阻值在几十千欧至无穷大，即为反向电阻，此时红表笔接的是二极管的正极，黑表笔接的是二极管的负极。若正反向电阻差距不大或都为无穷大，说明二极管损坏。

（5）测量完毕，收拾工作台，将万用表挡位调至交流电压最高挡。

操作安全提示：

（1）万用表的红表笔接表内电池负极，黑表笔接表内电池正极。

（2）二极管是单向导通的元件，正向阻值与反向阻值相差越大越好。

（3）不规范的操作可能导致扎伤。

23. 使用指针式万用表判断小型三相异步电动机的同步转速。

准备工作：

（1）正确穿戴劳动保护用品。

（2）工用具、材料准备：指针式万用表 1 块、常用电工工具 1 套、小型三相异步电动机 1 台（停运）。

操作程序：

（1）将指针式万用表挡位置于欧姆挡 R×10 挡并调零。

（2）拆开电动机接线盒，将电源线解开，将绕组的六根接线头解开。

（3）用万用表表笔分别搭接这六根线头中的两根，根据通断找出同一绕组的两根线头并做标记。

（4）将万用表挡位置于直流电流挡，将量程档置于"5mA"挡。

（5）把万用表的表笔分开分别搭接在做好标记的两根线头上。

（6）将电动机转子缓慢转动一周，观察并记录万用表指针左右摆动次数。

（7）指针的摆动次数就是磁极对数 p，然后根据公式计算电动机同步转速为：$n=3000/p$。

（8）测量完毕，恢复电动机短接片及接线盒，收拾场地，将万用表挡位至于交流电压最高挡。

操作安全提示：

（1）如被测电动机为运行电动机，应先将电源断开，在开关操作把手上悬挂"禁止合闸，有人工作！"牌。

（2）将电动机接线头复原时，要按原来的接线方式接线。

（3）不规范的操作可能导致扎伤。

（4）工具使用方法不当可能导致挫伤、划伤。

24. 使用兆欧表测量电动机绝缘电阻。

准备工作：

（1）正确穿戴劳动保护用品。

（2）工用具、材料准备：常用电工工具 1 套、兆欧表（500V）1 块、连接线（短接线）若干、备用电动机 1 台。

操作程序：

（1）拆开电动机接线盒，拆掉电动机接线以及星、角连接片，并擦拭电动机接线柱。

（2）将兆欧表放置平稳，检查连接线有无绝缘破损。

（3）检验兆欧表：将兆欧表的两表线分开，摇动兆欧表的手柄，观察兆欧表指针应指在"∞"的位置，说明表开路检验良好。再缓慢摇动兆欧表，将两表线金属头轻碰一下，观察兆欧表指针快速回到"0"位置，说明兆欧表短路校验良好。

（4）测量三相异步电动机绕组间绝缘电阻：E 端、L 端分别接三相电动机三相被测绕组的一端（U－V；U－W；V－W），摇动兆欧表手柄，摇动的转速要保持在 120r/min，持续 1min，观察并记录兆欧表指示值。

（5）测量完毕，待兆欧表停止转动和被测物接地放电后方能拆除连接导线。

（6）进行电动机三相绕组对地绝缘情况的测量：E端接电动机外壳，L端分别接被测绕组的一端（U－外壳；V－外壳；W－外壳），摇动兆欧表手柄，摇动的转速要保持在120r/min，持续1min，观察并记录兆欧表指示值。

（7）测量完毕，用短接线将三相绕组对地放电。

（8）记录的6个的数值如都大于0.5MΩ则判定电动机绝缘电阻为合格。

（9）测量完毕，恢复电动机短接片及接线盒，收拾测量场地，并将万用表挡位调至交流电压最高挡。

操作安全提示：

（1）如被测电动机为运行电动机，必须先将电源断开，开关操作把手上挂"禁止合闸，有人工作！"牌。

（2）兆欧表与被测设备之间连接导线不能用双股绝缘线或绞线，只能两根用单股线连接，以免线间电阻引起误差。

（3）测量设备的绝缘电阻时，应记下测量时的温度、湿度、被测设备的状况等便于正确分析测量结果。

（4）将电动机接线头复原时，要按原来的接线方式接线。

（5）兆欧表使用不当可能导致触电或仪表损坏。

25. 使用兆欧表测量电缆绝缘电阻。

准备工作：

（1）正确穿戴劳动保护用品。

（2）工用具、材料准备：常用电工工具1套、兆欧表（500V）1块、连接线（短接线）若干、非运行电缆1条。

操作程序：

（1）将兆欧表放置平稳，检查连接线（短接线）有无绝缘破损。

（2）检验兆欧表：将兆欧表的两表线分开，摇动兆欧表的摇柄，观察兆欧表指针应指在"∞"的位置，说明表开路检验良好。再缓慢摇动兆欧表，将两表线金属头轻碰一下，观察兆欧表指针快速回到"0"位置，说明兆欧表短路校验良好。

（3）将兆欧表的"L"端用连接线接被测电缆的四芯中的任一芯上，"E"端接到电缆的钢铠上。

（4）摇动兆欧表手柄，转数达到120r/min，坚持转动1min，读数并记录测量结果。

（5）继续摇动兆欧表手柄，摘下"L"端与电缆线芯的连接线后，停止摇动兆欧表手柄。

（6）用短接线把刚测量的线芯、钢铠对地放电。

（7）重复步骤（3）～（6），测量其他线芯对地绝缘，共4项线芯对地绝缘数据。

（8）将兆欧表的"L"端接被测电缆的四芯中的一芯上，"E"端接被测电缆的另一线芯。

（9）重复步骤（4）～（6），测量线芯之间绝缘。

（10）倒换其他线芯，重复步骤（4）～（6），测量其他线芯之间绝缘，共获得6项线芯之间的绝缘数据。

（11）测量完毕，收拾测量场地。

操作安全提示：

（1）测量运行中的电缆，必须先切断电源，电缆对地放电，并拆除直接连接在电缆上的设备。直接接触运行中的电缆会触电或短路。

（2）兆欧表与被测设备之间连接导线不能用双股绝缘线或绞线，只能两根用单股线连接，以免线间电阻引起误差。

（3）测量电缆的绝缘电阻时，应记下测量时的温度、湿度、被测设备的状况等便于正确分析测量结果。

（4）兆欧表的量程为几千兆欧，最小刻度在 1MΩ 左右，因而不适合测量 100kΩ 以下的电阻。

（5）电缆绝缘电阻参考值为 1MΩ，潮湿地区不小于 0.5MΩ，但运行中的电缆绝缘标准应适当降低。

（6）兆欧表使用不当可能导致触电或仪表损坏。

26. 使用 QJ23 单臂直流电桥测量小型电动机绕组直流电阻。

准备工作：

（1）正确穿戴劳动保护用品。

（2）工用具、材料准备：常用电工工具 1 套、QJ23 单臂直流电桥 1 块、连接线若干、小型交流异步电动机 1 台。

操作程序：

（1）断开电动机电源开关，开关的操作把手上挂"禁止合闸，有人工作！"牌。

（2）拆开电动机接线盒，拆除电源线及连接片，清洁接线端子。

（3）将电桥放置于平整位置，检查检流计联片是否在外接的位置并短接好，调整 QJ23 单臂直流电桥指零仪指针指零位。

（4）将电动机同一绕组的两个接线端子分别连接到电桥电阻测试的两个接线端钮。

（5）根据设备估算电阻值，调节量程倍度变换器，选择适当的量程倍率。

（6）按下电源按钮 B，随后按检流计按钮 G，看指零仪偏转方向，如果指针指向"＋"方向偏转，表示测示电阻值大于估算值，即增加测量盘示值，使指零仪趋向于零位。如果指零仪仍偏向于"＋"边、则可增加量程倍率，再调节测量盘使指零仪趋向于零位，若指针向"－"方向偏转，表示测试电阻小于估算值，即减小测量盘示值使指零仪趋向于零位。

（7）当指零仪指零位时，电桥平衡。

（8）断开 G 和 B 按键，重复步骤（4）（8），测量其他两绕组直流电阻，不平衡度应小于 ±2%。

（9）拆除测量线，原样恢复连接片和电源线，装上接线盒盖，恢复现场。

操作安全提示：

（1）仪器初次使用或相隔一定时期再使用时，应将各旋钮开头盘转动数次，磨掉触点氧化层。

（2）仪器若在长期使用中，发现灵敏度不能满足要求时，应考虑更换电池。

（3）在测量感抗负载的电阻（如电动机、变压器等）时，必须先接电源按钮，然后按检流计按钮，断开时，先放开检流计按钮，再放开电源按钮。

（4）电桥使用方法不正确可能导致电桥损坏。

（5）误测或直接测量运行电动机可能导致触电或短路。

27. 使用 QJ44 双臂直流电桥测量电动机绕组直流电阻。

准备工作：

（1）正确穿戴劳动保护用品。

（2）工用具、材料准备：常用电工工具 1 套，QJ44 双臂直流电桥 1 块、连接线若干、电动机 1 台。

操作程序：

（1）断开电动机电源开关，开关的操作把手上挂"禁止合闸，有人工作！"牌。

（2）拆开电动机接线盒，拆除电源线及连接片，清洁接线端子。

（3）将电桥放置于平整位置，接通电桥电源开关"B_1"，待放大器稳定后检查检流计指针是否指零位，如不在零位，调节调零旋钮，使检流计指针指示零位。

（4）逆时针旋动灵敏度旋钮，应放在最低位置。

（5）将电动机同一绕组的两个接线端子，按四端连接法，接在电桥相应的 C_1、P_1、P_2、C_2 的接线柱上，如图 22 所示，AB 之间为将电动机同一绕组的两个接线端子。

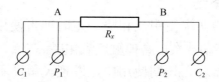

图 22　四端连接法示意图

（6）估计被测电阻值大小，将倍率开关和电阻读数步进开关放置在适当位置。

（7）先按下电池按钮"B"，对被测电阻 R_x 进行充电，待一定时间后，估计充电电流逐渐趋于稳定，再按下检流计按钮"G"，根据检流计指针偏转的方向，逐渐增加或减小步进读数开关的电阻数值，使检流计指针指向"零位"，并逐渐调节灵敏度旋钮，使灵敏度达到最大，同时调节电阻滑线盘，使检流计指针指零。

（8）在灵敏度达到最大，检流计指针指示"零"位，稳定不变的情况下，读取步进开关和滑线盘两个电子读数并相加，再乘上倍率开关的倍率读数，即为被测电阻阻值。

（9）先断开检流计按钮"G"，再断开电池按钮开关"B"，最后拉开电桥电源开关"B_1"。

（10）重复步骤（4）（9），测量其他两绕组直流电阻，不平衡度应小于 ±2%。

（11）拆除测量线，原样恢复连接片和电源线，装上接线盒盖，恢复现场。

操作安全提示：

（1）在改变灵敏度时，会引起检流计指针偏离零位，在测量之前，随时都可以调节检流计零位。

（2）当移动滑线盘4小格，检流计指针偏离零位约1格，灵敏度就能满足测量要求。

（3）为了测量准确，采用双臂电桥测试小电阻时，所使用的四根连接引线一般采用较粗、较短的多股软铜绝缘线，其阻值一般不大于 0.01Ω。如果导线太细、太长，电阻太大，则导线上会存在电压降，而电桥测试时使用的电池电压就不高，如果引线上存在的压降过大，会影响测试时的灵敏度，影响测试结果的准确性。

（4）电流接线端子 C_1、C_2 的引线应接在被测绕组的外侧，而电位接线端子 P_1、P_2 的引线应接在被测绕组的内侧，可以避免将 C_1、C_2 的引线与被测绕组连接处的接触电阻测量在内。

（5）电桥使用方法不正确可能导致电桥损坏。

（6）误测或直接测量运行电动机可能导致触电或短路。

28. 使用钳形电流表测量交流电流。

准备工作：

（1）正确穿戴劳动保护用品。

（2）工用具、材料准备：常用电工工具1套，钳形电流表1块，运行中可测量的电线（缆）1条。

操作程序：

（1）检查钳形电流表有无损伤、损坏，测量点是否满足操作时的安全要求。

（2）估计被测电流大小，选择适当的量程，如无法估测电流大小可将钳形电流表打到最大电流挡。

（3）用带线手套的手张开钳口卡住被测导线，并注意与带电体保持距离。

（4）将被测导线置于钳口的中央，观察指针是否超过中间刻度线，如指针偏转太小或超出量程，需张开钳口摘下钳形电流表换挡重新测量，绝对不能直接换挡。

（5）记录测量数据。

（6）测量完毕，恢复设备原有状态，钳形电流表量程拨至最大挡，以防下次使用时损坏钳形电流表。

操作安全提示：

（1）人体各部位均应与带电体保持足够安全距离。

（2）绝缘不良或裸线严禁使用钳形电流表。

（3）不允许钳形电流表超量程使用，禁止使用普通钳形电流表测量高压线路或电缆的电流。

（4）钳形电流表一般量程较大，在测量5A以下电流时，为获得准确读数，可将被测载流导线在钳口的铁芯上绕几匝然后再测量，但实际测量值应为表头读数除以所绕匝数。

（5）防护措施不到位、操作不规范可能导致触电。

（6）临近带电设备作业可能导致触电。

29. 使用验电笔区分交流电和直流电。

准备工作：

（1）正确穿戴劳动保护用品。

（2）工用具、材料准备：验电笔1支、交流和直流电源各1处。

操作程序：

（1）检查验电笔是否损坏、受潮、进水，禁止不经验证就直接使用。

（2）人站在地上，右手握笔，笔尖向左至向前方向，手指接触验电笔尾端的金属部分，另一手触摸墙体或与地相连接的金属构件。

（3）将验电笔笔尖金属接触被测电源的导体，并保持与带电体的距离。

（4）仔细观察验电笔的氖管，氖管里面的两个极同时发亮，为交流电。氖管里面只有一个极发亮，为直流电。

（5）恢复测量现场至原来状态。

操作安全提示：

（1）禁止低压验电笔在500V以上电压下使用。

（2）禁止用低压验电笔测60V以下电压。

（3）禁止采用全手握笔方法验电，应当采用手指握笔的方式。

（4）禁止用手接触笔尖金属部分，以免在验电中使操作者触电。

（5）在有电的设备上使用损坏的验电笔得出无电的结果会导致触电或短路。

30. 使用 ZC-8 型手摇式接地电阻测试仪测接地电阻。

准备工作：

（1）正确穿戴劳动保护用品。

（2）工用具、材料准备：常用电工工具 1 套、接地电阻测试仪 1 块、1 磅手锤 1 只、绝缘手套 1 副、40cm 接地棒 2 根、40m 连接线 1 根、20m 连接线 1 根、5m 连接线 1 根。

操作程序：

（1）戴上绝缘手套拆开接地干线与接地体的连接点，或拆开接地干线上所有接地支线的连接点。

（2）将两根接地棒分别插入地面 400mm 深，一根离接地体 40m 远，另一根离接地体 20m 远，并与接地体成一条直线。

（3）将接地电阻测试仪置于接地体近旁平整的地方，将检流计调零。

（4）接线：如图 23 所示，用一根连接线连接表上接线桩 E 和接地装置的接地体 E′，用 40m 连接线连接表上接线桩 C 和离接地体较远的接地棒 C′，用 20m 连接线连接表上接线桩 P 和离接地体较近的接地棒 P′。

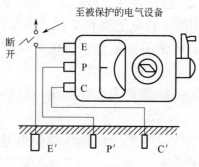

图 23　测接地电阻（1）

（5）将"倍率标度"置于最大倍数，慢慢转动发电机摇把，同时旋动"测量标度盘"使检流计指针指于中心线。

（6）当检流计的指针接近平衡时，加快发电机摇把的转速，使其达到120r/min以上，调整"测量标度盘"使指针指于中心线上。

（7）如"测量标度盘"的读数小于1时，应将"倍率标度"置于较小标度倍数，再重新调整"测量标度盘"以得到正确读数。

（8）用"测量标度盘"的读数乘以"倍率标度盘"的倍数即为所测的接地电阻值。

（9）为了保证所测接地电阻值的可靠，应改变方位重新进行复测。取几次测得值的平均值作为接地体的接地电阻。

（10）拆除接线，收回接地棒，戴绝缘手套恢复接地体连接。

操作安全提示：

（1）当检流计的灵敏度过高时，可将电位探测针插入土壤中浅一些。当检流计灵敏度不够时，可沿电位探测针和电流探测针浇水湿润。

（2）当大地干扰信号较强时，可以适当改变手摇发电机的转速，提高抗干扰能力，以获得平衡读数。

（3）当接地极 E′ 和电流探测针 C′ 之间距离大于40m时，电位探测针 P′ 的位置可插在离开 E′ 与 C′ 中间直线几米以外，其测量误差可忽略不计。

（4）当接地极 E′、电流探测针 C′ 之间的距离小于40m时，则应将电位探测针 P′ 插于 E′ 与 C′ 的直线中间。

（5）如图24所示，当用四端钮（0/1/10/100Ω）规格的接地电阻测试仪测量小于1Ω电阻时，应将C_2P_2接线端钮的联接片打开，分别用导线联接到被测接地体上，以消除测量时连接导线电阻而产生的误差。

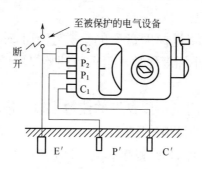

图24　测接地电阻（2）

（6）仪表运输及使用时应小心轻放，避免剧烈震动，以防轴尖、轴承受损而影响指示。

（7）雷雨天测量可能会导致雷击触电。

（8）不规范使用手锤可能会导致砸伤。

（9）接线不规范、导线绝缘破损可能会导致触电或测量结果不准确。

（10）拆开接地体与接地干线无防护措施可能会导致触电。

31. 使用 ZC-8 型手摇式接地电阻测试仪测土壤电阻率。

准备工作：

（1）正确穿戴劳动保护用品。

（2）工用具、材料准备：常用电工工具1套、接地电阻测试仪1块、手锤1只、60cm接地棒4根、40m连接线1根、20m连接线2根、5m连接线1根。

操作程序：

（1）选择具有四个端钮的接地电阻表来测量土壤电阻率。

（2）在被测区沿直线埋入地下 4 根棒，彼此相距 1000cm，呈直线，棒的埋入深度应不超过 0.5m，并且等深。

（3）把接地电阻测试仪置于接地体近旁平整的地方，将检流计调零。

（4）如图 25 所示，打开 C_2 和 P_2 的联接片，用四根导线连接到相应探测棒上。

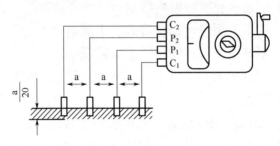

图 25　测土壤电阻率

（5）将"倍率标度"置于最大倍数，慢慢转动发电机摇把，同时旋动"测量标度盘"使检流计指针指于中心线。

（6）当检流计的指针接近平衡时，加快发电机摇把的转速，使其达到 120r/min，调整"测量标度盘"使指针指于中心线上。

（7）如"测量标度盘"的读数小于 1 时，应将"倍率标度"置于较小标度倍数，再重新调整"测量标度盘"以得到正确读数。

（8）用"测量标度盘"的读数乘以"倍率标度盘"的倍数即为所测的接地电阻值，所测电阻率为：$P = 2000\pi \times$ 接地电阻表读数。

（9）拆除接线，收回接地棒，清理测量现场。

操作安全提示：

（1）当检流计的灵敏度过高时，可将电位探测针插入土壤中浅一些。当检流计灵敏度不够时，可沿电位探测针和电流探测针浇水湿润。

（2）当大地干扰信号较强时，可以适当改变手摇发电机的转速，提高抗干扰能力，以获得平衡读数。

（3）仪表运输及使用时应小心轻放，避免剧烈震动，以防轴尖、轴承受损而影响指示。

（4）雷雨天测量可能会导致雷击触电。

（5）不规范使用手锤可能会导致砸伤。

（6）接线不规范、导线绝缘破损可能会导致触电或测量结果不准确。

32. 使用 UT33D 型数字万用表测量直流电压。

准备工作：

（1）正确穿戴劳动保护用品。

（2）工用具、材料准备：数字式万用表 1 块，直流电源 1 处也可用电池替代。

操作程序：

（1）检查表笔绝缘是否良好，表笔插接是否正确（红色插入 V/Ω 孔，黑色插入 COM 孔）。

（2）将挡位旋转开关拨到直流电压"-V"适当的量程。

（3）将万用表笔的金属杆分别插入直流电源的 + 与 - 端子（与被测电路并联）。

（4）如显示"1"说明测量值超过量程溢出，改换高挡后重新测量。

（5）待数字稳定读取读数。

（6）测量完毕，收拾测量场地，将万用表挡位至于"OFF"关闭挡位。

操作安全提示：

（1）手握表笔的金属杆或表笔绝缘破损会导致触电。

（2）挡位选择不正确可能导致万用表损坏或短路。

（3）不规范的操作可能导致扎伤或触电。

（4）测量直流电压时黑红表笔可以任意接，根据屏幕左侧显示"+""−"符号区分正负极，如测量结果未显示"−"符号说明红色表笔测量点为正极，黑色表笔测量点为负极；如测量结果显示"−"符号说明红色表笔测量点为负极，黑色表笔测量点为正极。

（5）若不知被测电压值，应先用最高挡位测出数值后再选择合适的量程测量，便于提高测量精度。

33. 使用 VC60B+ 型数字绝缘表测量低压电缆绝缘电阻。

准备工作：

（1）正确穿戴劳动保护用品。

（2）工用具、材料准备：数常用电工工具 1 套、兆欧表 VC60B+（1000V）1 块、连接线（短接线）若干、非运行电缆 1 条。

操作程序：

（1）将兆欧表放置平稳，检查连接线（短接线）无绝缘破损。

（2）检验兆欧表：将兆欧表的两表线分开，按下兆欧表电源开关电源，兆欧表开机、屏幕显示 OL，说明表开路检验良好。短接测试线，兆欧表屏幕 0，说明兆欧表短路校验良好。

（3）将兆欧表的"LINE"端用连接线接被测电缆的四芯中的任一芯上，"EARTH"端接到电缆的钢铠上。

（4）按下"500V"挡位按钮，按住 TEST 测试按钮，待显示数值稳定读数并记录测量结果。

（5）继续按住 TEST 测试按钮，摘下"LINE"与电缆芯线的连接线后，松开 TEST 测试按钮。

（6）用短接线把刚测量的线芯、钢铠对地放电。

（7）重复步骤（3）（6），测量其他线芯对地绝缘，共 4 线芯对地绝缘数据。

（8）将兆欧表的"LINE"接被测电缆的四芯中的一芯上，"EARTH"接被测电缆的另一线芯。

（9）重复步骤（4）（6），测量芯线之间绝缘。

（10）倒换其他线芯，重复步骤（4）（6），测量其他芯线之间绝缘，共获得 6 项线芯之间的绝缘数据。

（11）测量完毕，收拾测量场地。

操作安全提示：

（1）测量运行中的电缆，必须先切断电源，电缆对地放电，并拆除直接连接在电缆上的设备。直接接触运行中的电缆会触电或短路。

（2）兆欧表与被测设备之间连接导线不能用双股绝缘线或绞线，只能两根用单股线连接，以免线间漏电电阻引起的误差。

（3）测量电缆的绝缘电阻时，应记下测量时的温度、湿度、被测设备的状况等便于正确分析测量结果。

（4）兆欧表的量程为 MΩ、GΩ。

（5）低压电缆绝缘电阻参考值为 1MΩ，潮湿地区不小于 0.5MΩ，但运行中的电缆绝缘标准应适当降低。

（6）兆欧表使用不当可能导致触电或仪表损坏。

34. 使用 JYL-200A 型直流电组测试仪测量接地引线导通电阻。

准备工作：

（1）正确穿戴劳动保护用品。

（2）工用具、材料准备：常用电工工具 1 套、接地电阻测试仪 1 台、交流电源 1 处、绝缘手套 1 副、随机测试连接线 1 套。

操作程序：

（1）首先将电源线以及地线连接到直阻仪上，把随机附带的测试线连接到直阻仪面板与其颜色相对应的输入输出接线端子上，将测试线末端的测试钳夹到待接地线两端，清洁接触点，以确保接触良好。

（2）打开直阻测试仪电源开关开机，按"△、▽"键选择测试电流一般选择 100A 即可。

（3）按下"测量"键即可自动进行测量，测量完毕会提示完成并显示测量数值。

（4）为了保证所测电阻值的可靠，应重新进行复测。取几次测得值的平均值作为接地引线的导通电阻。

（5）拆除接线，收回测试线。

操作安全提示：

（1）带电测量会导致触电。

（2）测试导线绝缘破损可能会导致触电。

35. 使用 TY-328D 型数字钳形电流表测量直流回路电流。

准备工作：

（1）正确穿戴劳动保护用品。

（2）工用具、材料准备：常用电工工具 1 套，TY-328D 型钳形电流表 1 块，运行中可测量的直流回路电线（缆）1 条。

操作程序：

（1）检查钳形电流表有无损伤、损坏，测量点是否满足操作时的安全要求。

（2）估计被测电流大小，选择适当的量程，如无法估测电流大小可选择最大直流电流挡。

（3）用带线手套的手张开钳口卡住被测导线，并注意与带电体保持距离。

（4）将被测导线置于钳口的中央，待显示稳定后读取测量值，如显示"1"说明测量值超过量程溢出，张开钳口后改换高挡后重新测量，不能直接换挡。

（5）记录测量数据。

（6）测量完毕，将钳形电流表挡位至于"OFF"关闭挡位。

操作安全提示：

（1）人体各部位均应与带电体保持足够安全距离。

（2）绝缘不良或裸线严禁使用钳形电流表。

（3）防护措施不到位、操作不规范可能导致触电。

（4）临近带电设备作业可能导致触电。

36. 使用 GT-11A 型数字钳形接地表测量接地电阻。

准备工作：

（1）正确穿戴劳动保护用品。

（2）工用具、材料准备：常用电工工具 1 套、GT-11A 型钳形数字接地表 1 块。

操作程序：

（1）按 POWER 键开机，首先自动测试液晶显示器，其符号全部显示。然后开始自检，自检过程中依次显示"CAL6、CAL5、CAL4……CAL0、OLΩ"。当"OLΩ"出现后，自检完成，自动进入电阻测量模式。自检过程中，不要扣压扳机，不能张开钳口，不能钳任何导线。

（2）开机自检完成后，显示"OLΩ"，即可进行电阻测量。此时，扣压扳机，打开钳口，钳住待测回路，读取电阻值。

（3）待数值稳定后读取电阻值。

（4）闪烁显示＊符号，表示被测电阻超出了电阻报警临界值。

（5）按 MODE 键进入查阅存储数据模式，且默认显示所存的第01组数据。再按 SET 键，向下循环翻阅所存数据，翻阅到最后一组数据后自动返回到第01组数据。

操作安全提示：

（1）雷雨天测量可能会导致雷击触电。

（2）不规范使用手锤可能会导致砸伤。

（3）导线绝缘破损可能会导致触电。

（4）拆开接地体与接地干线无防护措施可能会导致触电。

37. 拉开 GW1 隔离开关（防盗操作机构）。

准备工作：

（1）正确穿戴劳动保护用品。

（2）工用具、材料准备：油绝缘棒1套、井变压器台架1处、绝缘手套1副、绝缘靴1双、护目镜1副。

操作程序：

（1）核对要操作的 GW1 隔离开关的地点及编号。

（2）检查防护用品是否合格，并穿戴好防护用品。

（3）断开该 GW1 隔离开关下侧的变压器低压侧空气断路器。

（4）检查并清洁绝缘棒，旋接绝缘棒至合适的长度。

（5）站立于隔离开关操作机构正下方，用绝缘棒的金属钩钩住分闸操作臂末端的金属环，开始时应慢而谨慎用力拉，当刀片离开固定触头时动作应迅速，特别是切断变压器的空载电流、架空线路及电缆的充电电流、架空线路的小负荷电流以及切断环路电流时，拉闸应迅速果断，以便消弧。

（6）拉开隔离开关使刀片尽量拉到头，听到"咔"一声，说明隔离开关操作机构自锁成功，然后检查隔离开关三相均在断开位置。

（7）整理工用具及护具，清理现场。

操作安全提示：

（1）绝缘护具破损可能导致触电。

（2）拉合的隔离开关不是指定的隔离开关可能导致弧光短路及烫伤。

（3）用力不当可能导致扭伤或脱臼。

（4）雷雨天拉合隔离开关可能导致触电或设备损坏。

（5）操作时需两人进行，一人操作，一人监护。

（6）拉开线路隔离开关前需检查相邻的断路器是否在开位，拉开变压器台隔离开关前需检查变压器低压断路器是否在开位，防止操作时弧光短路。

（7）误拉其他隔离开关，拉开后不许再合上，需汇报等候处理。

38. 合 GW1 隔离开关（防盗操作机构）。

准备工作：

（1）正确穿戴劳动保护用品。

（2）工用具、材料准备：油绝缘棒 1 套、井变压器台架 1 处、绝缘手套 1 副、绝缘靴 1 双、护目镜 1 副。

操作程序：

（1）核对要操作的 GW1 隔离开关的地点及编号。

（2）检查变压器低压侧空气断路器是否在开位。

（3）检查防护用品是否合格，并穿戴好防护用品。

（4）检查并清洁绝缘棒，旋接绝缘棒至合适的长度。

（5）站立于隔离开关操作机构正下方，用绝缘棒的金属钩钩住自锁杆下端的孔，旋转绝缘棒，听到"咔"的一声，自锁解开。

（6）用绝缘棒的金属钩钩住合闸操作臂末端的金属环，迅速而果断地用力下拉绝缘棒，但在合闸终了时不可用力过猛，以免发生冲击。

（7）隔离开关操作完毕后，检查是否合上，隔离开关刀片应完全进入固定触头，并检查接触良好，合闸不到位可拉开重新再合。

（8）根据情况确定是否合上低压侧断路器。

（9）整理工用具及护具，清理现场。

操作安全提示：

（1）绝缘护具破损可能导致触电。

（2）拉合的隔离开关不是指定的隔离开关可能导致弧光短路及烫伤。

（3）用力不当可能导致扭伤或脱臼。

（4）雷雨天拉合隔离开关可能导致触电或设备损坏。

（5）操作时需两人进行，一人操作，一人监护。

（6）合上线路隔离开关前需检查相邻的断路器是否在开位，且线路上无接地线。合上变压器台隔离开关前需检查变压器低压断路器是否在开位，且变压器台架上无影响运行的物品，防止操作时弧光短路。

（7）误合隔离开关，合上后不许再拉开，需汇报等候处理。有触电情况例外。

39. 拉合 GW9 型隔离开关。

准备工作：

（1）正确穿戴劳动保护用品。

（2）工用具、材料准备：绝缘棒 1 套、油井变压器台架 1 处、绝缘手套 1 副、绝缘靴 1 双、护目镜 1 副。

操作程序：

（1）核对要操作的 GW9 隔离开关的位置及编号。

（2）检查变压器低压侧空气断路器是否在开位。

（3）检查并清洁绝缘棒，旋接绝缘棒至合适的长度。

（4）站立于隔离开关正前下方，用绝缘棒的金属钩钩住 GW9 隔离开关中间相的操作环，迅速而果断地用力下拉动触头。

（5）拉断中间相后，再拉背风的边相，最后拉断迎风的边相。

（6）全部拉开后，检查隔离开关动、静触头之间的距离需大于 20cm，拉开操作即告完成。

（7）用绝缘棒的金属钩钩住 GW9 隔离开关迎风相的操作环，缓慢拉动动触头至静触头 10cm 左右。

（8）停顿后调整姿势，然后将绝缘杆快速直线上顶，将动触头推至合闸位置，如动触头偏移，可拉开再合。

（9）合完迎风边相，再合背风的边相，最后合上中间相。

（10）操作完毕后，检查是否合上，隔离开关刀片应完全夹住固定触头，并检查接触良好，合闸不到位可拉开重新再合。

（11）根据情况确定是否合上低压侧断路器。

（12）整理工用具及护具，清理现场。

操作安全提示：

（1）绝缘护具破损可能导致触电。

（2）拉合的隔离开关不是指定的隔离开关可能导致弧光短路及烫伤。

（3）用力不当可能导致扭伤或脱臼。

（4）雷雨天拉合隔离开关可能导致触电或设备损坏。

（5）操作时需两人进行，一人操作，一人监护。

（6）合上线路隔离开关前需检查相邻的断路器是否在开位，且线路上无接地线。合上变压器台隔离开关前需检查变压器低压断路器是否在开位，且变压器台架上无影响运行的物品，防止操作时弧光短路。

（7）拉开线路隔离开关前需检查相邻的断路器是否在开位，拉开变压器台隔离开关前需检查变压器低压断路器在开位，防止操作时弧光短路。

（8）误拉其他隔离开关，拉开后不许再合上，需汇报等候处理。

（9）误合隔离开关，合上后不许再拉开，需汇报等候处理。有触电情况例外。

40. 检查防雷装置。

准备工作：

（1）正确穿戴劳动保护用品。

（2）工用具、材料准备：300mm 活动扳手 1 把、绝缘手套 1 副。

操作程序：

（1）沿着既定的设备检查路径查看避雷器瓷套管或绝缘子有无裂纹或损坏，表面是否脏污，各金属部分是否牢固、腐蚀、锈蚀等，如有上述情况需停电处理，查看过程中需与带电体保持安全距离。

（2）连接处有无接触不良，引下线各部分连接是否良好，有无烧损或闪络痕迹，避雷针、房屋接地引下线上的螺栓可用活动扳手检查紧固。

（3）检查接地极（网）周围的土壤沉陷情况等，根据情况加补填土。

操作安全提示：

（1）雷雨天气检查可能发生雷击伤害。

（2）雨雪天气检查也可能发生摔伤。

（3）临近带电设备、抽油机等，不规范的操作可能导致触电或机械伤害。

（4）运行电气设备的接地体检查需与带电体保持安全距离，不许带电紧固螺栓。

（5）抽油机等活动设备接地体检查需停机刹车牢固后进行。

（6）必须两人同时进行，一人检查，另一人监护。

41. 操作跌落熔断器。

准备工作：

（1）正确穿戴劳动保护用品。

（2）工用具、材料准备：油绝缘棒1套、并变压器台架1处、绝缘手套1副、绝缘靴1双、护目镜1副。

操作程序：

（1）核对要操作的跌落熔断器的地点及井号。

（2）检查变压器低压侧空气开关是否在开位。

（3）检查并清洁绝缘棒，旋接绝缘棒至合适的长度。

（4）站立于跌落熔断器正前下方，用绝缘棒的金属钩钩住中间相熔断管的操作环，适度用力拉下熔断管。

（5）拉下中间相熔断管后，再拉背风的边相，最后拉断迎风的边相，拉开操作即告完成。

（6）如需取下熔断管，需将绝缘杆头部的金属钩平行于地面，托住熔管转轴根部，上抬取下熔管，装上时顺序相反。

（7）用绝缘棒的金属钩钩住跌落熔断器迎风相熔断管的操作环，缓慢拉动触头至鸭嘴 10cm 左右。

（8）停顿后调整姿势，然后将绝缘杆快速直线上顶，将触头推至合位，如触头偏移，可拉开再合。

（9）合完迎风边相，再合背风的边相，最后合上中间相。

（10）操作完毕后，检查熔断器触点是否合严（无放电声）。

（11）根据情况确定是否合上低压侧断路器。

（12）整理工用具及护具，清理现场。

操作安全提示：

（1）注意与熔断管的距离，取下时可能被砸伤。

（2）绝缘护具破损可能导致触电。

（3）用力过猛可能导致绝缘棒脱节，发生扭伤、摔伤、脱臼。

（4）雷雨天操作可能导致触电。

（5）合上熔断器熔管前需检查变压器低压断路器在开位，且变压器台架上无影响运行的物品，防止操作时弧光短路。

（6）拉开熔断器熔管前需检查变压器低压断路器在开位，防止操作时弧光短路。

（7）拉、合熔管时要用力适度，合好后，要轻轻试拉，检查是否合好。

42. 更换油井变压器跌落熔断器。

准备工作：

（1）正确穿戴劳动保护用品。

（2）工用具、材料准备：常用电工工具1套、跌落熔断器1套（含熔丝）、绝缘手套1副、绝缘靴1双、绝缘棒1套、护目镜1副、绝缘隔离罩3只、脚扣1副、安全带1副、绳索1条。

操作程序：

（1）确认工作地点为指定工作地点。

（2）检查并适时使用相应的安全用具、护具。

（3）断开变压器低压侧空气断路器。

（4）断开变压器高压侧 GW_1 隔离开关，检查已自锁。

（5）用绝缘棒将三只绝缘隔离罩安装到隔离开关的静触头上。

（6）登高到跌落熔断器横担位置并系好安全带。

（7）拆除损坏的跌落熔断器，并用绳索传递到地面。

（8）用绳索将新的熔断器传递到工作位置，按照固定—上引线—下引线—调试的顺序紧固各部位螺钉。

（9）各工序质量要求：

① 熔断器安装应牢固可靠，不得有任何的晃动现象，瓷绝缘支座、熔管要与其他两相平行。

② 安装时应将熔体拉紧（使熔体大约受到24.5N 的拉

力），否则容易引起触头发热。

③ 熔断管应有向下 25°±2° 的倾斜角，以利于熔体熔断时熔断管依靠自身重量迅速跌落。

④ 熔断管的长度应调整适中，要求合闸后鸭嘴舌头能扣住触头长度的 2/3 以上，以免在运行中自行跌落。

⑤ 熔断管亦不可顶死鸭嘴，以防熔体熔断后熔管不能及时跌落。

⑥ 所用熔体必须是正规厂家的标准产品，并具有一定的机械强度，一般要求熔体最少能承受 147N 的拉力，并按变压器一次额定电流的 2 倍选择熔体。

⑦ 6kV 跌落式熔断器户外安装，要求相间距离大于 0.7m。

（10）安装完成后必须在地面进行拉合熔断器试验。

（11）检查变压器台架上无遗漏物件，拆除安全措施。

（12）合隔离开关送电。

操作安全提示：

（1）操作时保持与熔断管的距离，防止取下时被砸伤。

（2）绝缘护具破损可能导致触电。

（3）用力过猛可能导致绝缘棒脱节，使操作者发生扭伤、摔伤、脱臼等伤害。

（4）雷雨天操作可能导致触电。

（5）高空作业须防止高空坠落。

（6）操作时需两人进行，一人操作，一人监护。

（7）高空作业，任何时候均不得失去安全带的保护。

43. 判别变压器连接组别。

准备工作：

（1）正确穿戴劳动保护用品。

（2）工用具、材料准备：常用电工工具 1 套、450V 电压表 1 块、无铭牌变压器 1 台、绝缘软线若干。

操作程序：

（1）分别如图 26 所示的三种方式接线，在检查无误后并通以交流电，记录各表电压。

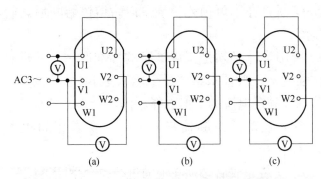

图 26 双电压表判别变压器联接组别

（2）将各表测的电压值代入下列计算式。

U_{V1V2}、U_{W1W2}、U_{W1V2}、U_{V1W2} 及测量变压器变比 K。

若：$U_{V1V2}=（K-1）U_S$

$$U_{W1V2}=U_{V1W2}=\sqrt{1-K+K^2U_S}$$

则连接组标号为：Y，y0。

若：$U_{W1V2}=\sqrt{1+K^2U_S}$

$$U_{W1V2}=U_{V1W2}=\sqrt{1-\sqrt{3}K+K^2U_S}$$

则连接组标号为：Y，d11。

式中 U_S——试验时低压线电压一般低于 250V。

（3）所得数值满足对应关系式则变压器为所对应的连接组别。

（4）拆除接线，清理测量场地。

操作安全提示：

（1）地面的变压器试验区应设置围栏，围栏距变压器边缘不小于 2m。

（2）不按要求操作可能导致触电。

（3）导线接错可能造成短路或设备损坏。

（4）非专业人员禁止进入围栏内。

（5）禁止带电拆接线，防止感应高压电伤人。

44.6kV 落地配电变压器补油。

准备工作：

（1）正确穿戴劳动保护用品。

（2）工用具、材料准备：常用电工工具 1 套、绝缘棒 1 套、漏斗 1 个、绝缘手套 1 副、接地线 1 组、绝缘靴 1 双、护目镜 1 副、安全带 1 副、变压器油 1 桶。

操作程序：

（1）检查并适时使用安全用具护具。

（2）断开变压器低压侧空气断路器，拉开变压器跌落熔断器，验明变压器高低压接线柱均无电压，在变压器高低压侧接线柱安装接地线。

（3）清洁变压器器身，检查变压器身的漏点，适当紧固变压器漏点周边螺栓。

（4）打开变压器储油柜补油孔螺栓，装上漏斗。

（5）用绳索拧起变压器油桶至合适位置补加变压器油，动作要慢，防止洒落变压器油，补油量不得过多或不足，油标油位应与环境温度相对应。

（6）放下油桶，摘下漏斗，装上储油柜补油孔螺栓。

（7）检查变压器身有无新漏点，并确认无遗漏工具、用具。

（8）拆除接地线。

（9）先合上跌落熔断器，再合上低压空气断路器。

操作安全提示：

（1）注意与熔断管的安全距离，取下时可能被砸伤。

（2）绝缘护具破损可能导致触电。

（3）用力过猛可能导致绝缘棒脱节，使操作者发生扭伤、摔伤、脱臼。

（4）即将补入的变压器油应为合格的变压器油，标号适合当地气温要求。

（5）阴雨天不可给变压器补油，防止雨水进入变压器内部。

（6）禁止从变压器下部补油，以防止变压器底部的沉淀物冲入线圈内而影响绝缘和散热。

（7）操作时应两人进行，一人操作，一人监护。

45. 使用单（双）臂直流电桥测量配电变压器线圈直流电阻。

准备工作：

（1）正确穿戴劳动保护用品。

（2）工用具、材料准备：常用电工工具1套、单（双）臂直流电桥1块、连接线若干、绝缘手套1副、绝缘靴1双、绝缘棒1套、护目镜1副。

操作程序：

（1）检查、使用安全用具及护具。

（2）断开变压器低压侧空气断路器，拉开变压器隔离开关及跌落熔断器，验明变压器确无电压。

（3）清洁变压器高低压套管及接线柱。

（4）将变压器高低压侧充分放电。

（5）将电桥指针调零，将测量线连接至变压器高压 A、B 接线柱。

（6）按下电桥 B 键，对变压器绕组充电。

（7）调整电桥各旋钮及测量，记录测量结果。

（8）依次更换 a、b，b、c，c、a，a、o，b、o，c、o，重复步骤（5）、（6）。

（9）根据测试结果，容量在 1600kV·A 及以下的三相变压器，各相测得电阻值的不平衡率应小于 4%，线间测得的电阻值的不平衡率应小于 2%；容量在 1600kV·A 以上的三相变压器，各相测得电阻值的不平衡率应小于 2%，线间测得的电阻值的不平衡率应小于 1%。

（10）拆除接线并确认无遗漏工具用具，登下变压器操作台。

（11）先合上跌落熔断器，再合上高压隔离开关。

（12）合上低压空气断路器。

操作安全提示：

（1）保持与熔断管的安全距离，防止取下时掉落被砸伤。

（2）绝缘护具破损可能导致触电。

（3）用力过猛可能导致绝缘棒脱节，发生扭伤、摔伤、脱臼。

（4）操作时应两人进行，一人操作，一人监护。

46.调整配电变压器分接开关。

准备工作：

（1）正确穿戴劳动保护用品。

（2）工用具、材料准备：常用电工工具 1 套、指针式万用表 1 块、绝缘棒 1 套、绝缘手套 1 副、绝缘靴 1 双、护目镜 1 副、脚扣 1 副、安全带 1 副、接地线 1 组。

操作程序：

（1）检查并适时使用安全用具及护具，测量变压器二次电压并与额定电压做比较，记录差值。

（2）断开变压器低压侧空气断路器，拉开变压器跌落熔断器，验明变压器确无电压，变压器高压接线柱安装接地线。

（3）登上变压器检修台，系上安全带。

（4）打开变压器分接开关盖，检查变压器分接开关所在挡位，并确定是否还有调整余地，无调整余地时申请更换变压器。

（5）有调整余地时根据测量结果适当调整分接开关的位置：如电压过高则将分接开关降低一挡（对应一次绕组额定电压升高），如电压过低则将分接开关升高一挡（对应一次绕组额定电压降低）。

（6）装上变压器分接开关盖，确认无遗漏工具、用具，登下变压器检修台。

（7）拆除接地线，合上跌落熔断器。

（8）测量变压器二次电压是否正常，不正常则重复步骤（2）（7）。

（9）合上低压空气断路器，恢复供电。

操作安全提示：

（1）保持与熔断管的安全距离，防止取下时掉落被砸伤。

（2）绝缘护具破损可能导致触电。

（3）用力过猛可能导致绝缘棒脱节，发生扭伤、摔伤、脱臼。

（4）高空作业须防止高空坠落或落物伤人。

（5）调整变压器分接开关进入挡位时看要准挡位标线，防止偏差出现接触不良。

（6）操作时应两人进行，一人操作，一人监护。

47. 站用变并联电容器组停、送电操作。

准备工作：

（1）正确穿戴劳动保护用品。

（2）工用具、材料准备：常用电工工具1套、绝缘棒1套、绝缘手套1副、绝缘靴1双、护目镜1副、绝缘隔板1块、短接线1根。

操作程序：

（1）检查并适时使用安全用具护具。

（2）手动逐组断开电容器的断路器，再拉开电容器柜的隔离开关，对电容器柜停电。

（3）检查电容器组：检查电容器组有无鼓肚，熔断丝有无熔断，放电电阻（电感）有无损坏。

（4）发现有损坏的电容器，将隔离开关加绝缘隔板，手动将电容器逐个放电，更换损坏的设备。

（5）拆除绝缘隔板，合上电容器柜隔离开关，根据功率因数表手动投入合适的电容器组数。

操作安全提示：

（1）安全措施不得当，可能发生触电伤害。

（2）电容放电不彻底可能发生电击伤害。

（3）绝缘护具损坏可能导致触电。

（4）运行中的电容器组开关跳闸后，不准强行送电。应查明原因，实施安全措施后排除故障，拆除安措后方可投入使用。

（5）保护电容器的熔断丝熔断，只允许更换一次熔断丝。若再次熔断，必须先查明原因、排除故障后再送电。

（6）禁止电容器组带电荷投入使用。电容器组停电3min后，在放电电阻（电感）完好的情况下，方可再一次合闸送电。

48. 测量并联电容器绝缘电阻。

准备工作：

（1）正确穿戴劳动保护用品。

（2）工用具、材料准备：常用电工工具1套、500V兆欧表1块、绝缘手套1副、绝缘靴1双、护目镜1副、短接线1根。

操作程序：

（1）检查并适时使用安全用具护具。

（2）检查兆欧表外观是否完好，将兆欧表放置平稳，做开路试验和短路试验。

（3）停运抽油机并刹紧，断开变压器低压侧开关并悬挂"禁止合闸，有人工作！"警告牌。

（4）打开控制箱门，将电容器各极对地放电。

（5）拆除电容器接线端子上的电源导线，并将电容器的瓷套管擦拭干净。

（6）将兆欧表E端连接在A相电容器外壳上，将兆欧表L端连接到电容器两个接线端子。

（7）以120r/min的摇速达到1min时，待指针稳定，读取数值并记录（为电容器极对地绝缘电阻）。

（8）摘下电容器接线柱上的接线，然后停止摇动兆欧表手柄。

（9）将电容器接线柱对外壳放电。

（10）将兆欧表 E 端接电容器 A 相接线柱，L 端接电容器另一接线柱，G 端接电容器外壳。

（11）重复步骤（7）（9），为电容器极间绝缘电阻。

（12）换其他相电容器重新测试，绝缘电阻均应在 1MΩ 以上为合格。

（13）工作完成后，恢复原来的接线，拆除安全措施，送电启动抽油机。

操作安全提示：

（1）安全措施不得当，可能发生触电伤害。

（2）电容放电不彻底可能发生电击伤害。

（3）绝缘护具损坏可能导致触电。

49. 单股导线的直线连接。

准备工作：

（1）正确穿戴劳动保护用品。

（2）工用具、材料准备：剥线钳 1 把、钢丝钳 1 把、2.5mm² 绝缘导线若干、砂纸若干、绝缘胶带 1 卷、线手套 1 双。

操作程序：

（1）将被连接的两导线的绝缘层削掉，清理干净，长度一般为 100 ～ 150mm。

（2）将两导线线芯 2/3 长度处绞在一起，成 X 形，相互间绞绕 23 圈，如图 27（a）（b）所示。

（3）扳直两线头，一手握钳，另一手将一线芯按顺时针方向紧绕在另一线芯上，绕 58 圈，把多余部分剪掉，并用钳子将线芯掐住压紧如图 27（c）、（d）所示。

（4）用同样方法把另一线芯逆时针方向缠绕好，圈数相同，如图 27（e）所示。

（5）用绝缘带将缠绕部分全部包扎好，如图27（f）所示。

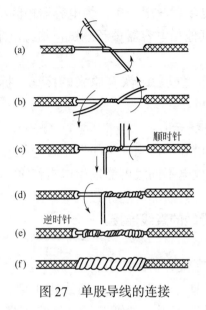

图27　单股导线的连接

操作安全提示：

（1）剥线钳、钢丝钳使用不当可能夹伤手。

（2）工作前需带上线手套，防止缠绕导线时划伤手。

（3）带电接导线时可能发生触电。

（4）运行中的线路做导线连接需先对线路停电，做好安全措施后再进行其他工作。

50. 单股导线的 T 形连接。

准备工作：

（1）正确穿戴劳动保护用品。

（2）工用具、材料准备：剥线钳 1 把、钢丝钳 1 把、2.5mm² 导线若干、电工刀 1 把、砂纸若干、绝缘胶带 1 卷、线手套 1 双。

操作程序：

（1）将绝缘导线的干线、支线剥去合适长度的绝缘。

（2）将支路线芯的线头与线芯线十字相交后按顺时针方向缠绕支路线芯，如图 28（a）所示。

（3）缠绕 58 圈后，剪去余下的线芯并剪平线芯末端，如图 28（b）所示。

（4）对于较小截面积的芯线，应先环绕结扣，再把支路线头扳直，紧密绕 8 圈，随后减去多余线芯，剪平切口毛刺，如图 28（c）所示。

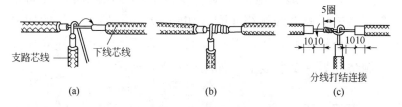

图 28　单股导线的 T 形连接

操作安全提示：

（1）剥线钳、钢丝钳使用不当可能夹伤手。

（2）工作前需带上线手套，防止缠绕导线时划伤手。

（3）带电接导线时可能发生触电。

51. 多股导线的直线连接。

准备工作：

（1）正确穿戴劳动保护用品。

（2）工用具、材料准备：电工刀 1 把、钢丝钳 1 把、16mm^2 多股绝缘导线若干、砂纸若干、绝缘胶带 1 卷、线手套 1 双。

操作程序：

（1）将导线两端的绝缘剥离至合适长度。

（2）将两个多股导线散开拉直，并将1/3长的导线咬紧，然后把2/3长的导线分散成伞状，把两股导线的伞状线头隔根对插［图29（b）］并将其中一端的芯线按2、2、3根分成3组（7芯线）。

（3）将第二组的2根芯线扳起并与芯线相垂直，顺时针方向紧绕2圈，如图29（c）、（d）所示。

（4）将第二组的2根芯线仍按顺时针方向紧紧压住前2根芯线，缠绕2圈，如图29（f）所示。

（5）将最后一组的3根芯线按上述方法顺时针方向紧紧压住前4根芯线缠绕4圈，如图29（g）所示。最后切去每组多余长度的芯线，平整端部，去除毛刺。用上述同样方法缠绕在另一个芯线上，如图29（h）所示。

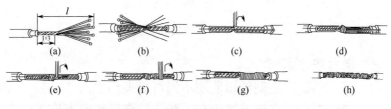

图29　多股导线的直线连接

操作安全提示：

（1）电工刀使用不当可能割伤手。

（2）钢丝钳使用不当可能夹伤手。

（3）工作前需带上线手套，防止缠绕导线时划伤手。

52.多股导线的T形连接。

准备工作：

（1）正确穿戴劳动保护用品。

（2）工用具、材料准备：电工刀 1 把、钢丝钳 1 把、16mm² 多股绝缘导线若干、砂纸若干、绝缘胶带 1 卷、线手套 1 双。

操作程序：

（1）将导线两端的绝缘剥离至合适长度。

（2）将分支芯线分两组，在 1/3 处把芯线绞紧。

（3）将分支芯线靠近干线芯线并相互垂直，因为芯线总根数是 7 根，所以一组为 4 根，另一组为 3 根导线。

（4）把两组芯线按箭头所示方向紧紧缠在干线芯线上。

（5）每边紧紧缠绕 45 圈，剪平线端，如图 30 所示。

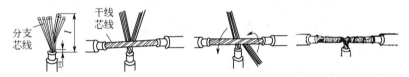

图 30　多股导线的 T 形连接

操作安全提示：

（1）电工刀使用不当可能割伤手。

（2）使用钢丝钳使用不当可能夹伤手。

（3）工作前需带上线手套，防止缠绕导线时划伤手。

53.制作低压电缆头。

准备工作：

（1）正确穿戴劳动保护用品。

（2）工用具、材料准备：1000V 兆欧表 1 块、电工刀 1 把、钢锯 1 根、压接钳 1 把、四色塑料带各 1 卷、3×16+1×10mm² 铝芯电缆若干、配套电缆冷缩头 1 支、16mm² 铝线鼻子 3 只。

操作程序：

（1）摇测电缆绝缘电阻：

① 选用 1000V 摇表对电缆进行摇测，绝缘电阻应大于 10MΩ。

② 电缆摇测完毕后，应将线芯分别对地放电。

（2）包缠电缆，套电缆终端头套：

① 剥去电缆外包绝缘层，将电缆头套下部先套入电缆。

② 根据电缆头的型号尺寸，按照电缆头套长度和内径，用塑料带采用半叠法包缠电缆。塑料带应包缠紧密，形状成枣核状。

③ 将电缆头上部套上，与下部对接、套严，拉出支撑塑料件。

（3）压电缆芯线接线鼻子：

① 从芯线端头量出线鼻子线孔深度的长度，再另加 5mm，剥去电缆芯线绝缘并在线芯上涂上导电膏。

② 将线芯插入接线端子内，用压接钳压紧接线鼻子，压接坑应在两道以上，大规格接线端子应采用液压机械压接。

③ 根据不同的相位，采用黄、绿、红、蓝四色塑料带分别包缠电缆各芯线至接线鼻子的压接部位。

操作安全提示：

（1）剥削电缆外包绝缘层时钢铠可能造成划伤。

（2）压接钳可能压伤手指。

54.敷设电缆线的操作。

准备工作：

（1）正确穿戴劳动保护用品。

（2）工用具、材料准备：常用电工工具 1 套、铁锹 1 把、电缆若干、防腐材料若干、保护钢管 1 根。

操作程序：

（1）电缆线路要满足供配电需要，保证安全运行，便于维修。

（2）对直接敷设的地下电缆，应用防腐层保护。

（3）直埋电缆的沟底必须平整，无坚硬物。否则应在沟底铺一层细沙或软土。

（4）电缆的埋设深度及电缆与各种设施交叉的最小间隔距离应符合电气上的要求。

（5）铠装电缆垂直敷设或水平敷设时，在电缆的首端、转弯及接头处，需用卡子固定住。

（6）敷设时防止电缆扭弯，在施工中电缆的转弯应符合它的敷设弯曲半径。

（7）电缆穿越地面、建筑物，需装保护套管，一根保护套管只穿一根保护管内径应大于 1.5 倍的电缆外径。

（8）多根电缆并列敷设时，中间的接头应前后错开或采用钢管保护。

（9）铠装电缆和铝包（铅包）电缆的金属外皮两端、金属电缆终端头及保护钢管应可靠接地，其接地电阻应小于 10Ω。

操作安全提示：

（1）剥削电缆外包绝缘层时钢铠可能造成划伤。

（2）穿越建筑物时可能发生高空坠落事故。

55. 巡视配电柜。

准备工作：

（1）正确穿戴劳动保护用品。

（2）工用具、材料准备：测温仪 1 支、笔 1 支、纸 1 张、绝缘靴 1 双。

操作程序：

（1）检查并适时使用安全防护用品（配电柜前后有绝缘胶板时可不穿绝缘靴）。

（2）按照既定的设备巡视路径进入巡视区。

（3）巡视电力拖动装置是否工作正常，各项电气设备有无过热、烧损，必要时测温。

（4）检查各控制回路的工作电压、工作电流、功率因数、指示灯是否正常，有无噪声。

（5）检查各配电柜和电器内部，有无异声、异味。

（6）巡视配电柜柜门防护是否正常，金属构件防锈有无损坏。

（7）引线有无断裂、设备有无损坏。

（8）检查室内防小动物设施是否正常在用。

（9）检查柜内照明是否正常好用。

（10）检查防雷接地装置是否正常。

（11）记录上述不正常现象，及时汇报处理。

操作安全提示：

（1）超越巡视工作范围有触电及机械伤害的可能。

（2）不保持与带电体的安全距离会导致触电。

（3）女性工作人员需盘头戴帽，防止拖动设备绞伤。

56. 检查投运前的三相异步电动机。

准备工作：

（1）正确穿戴劳动保护用品。

（2）工用具、材料准备：常用电工工具 1 套、万用表 1 块、500V 兆欧表 1 块、连接线（短接线）若干。

操作程序：

（1）记录铭牌内容。

（2）检查安装条件、周围环境和保护形式是否合适。

（3）确认配线是否正确，设备外壳是否接地。

（4）确认配线的端线连接点是否松动，接触是否良好。

（5）确认电源开关、熔丝的容量和规格及继电器的选择。

（6）检查润滑油是否合适，传动带的张力是否合适，有无偏心。

（7）用手轻转电动机轴能否转动，注油量是否合适（指润滑轴承）。

（8）检查集电环是否光滑，电刷有无污垢，电刷压力及其在刷槽内的活动情况以及电刷短路装置。

（9）测量电动机绝缘电阻值，检查电源电压是否正常。

（10）确认启动方法。

（11）确认电动机的旋转方向。

操作安全提示：

操作不当可能损坏设备。

57. 用直流法（干电池法）判断小型三相异步电动机首尾端。

准备工作：

（1）正确穿戴劳动保护用品。

（2）工用具、材料准备：常用电工工具 1 套、指针万用表 1 块、1 号干电池 1 节。

操作程序：

（1）用万用表的电阻挡区分出三组绕组。

（2）将万用表调到最小直流电压挡，两根表笔分别接同一绕组的两根引线。

（3）在剩下的两个绕组中任选一组，接一节电池（瞬间触碰），看万用表指针的摆动方向（做好标记）。

（4）将万用表换到另外一组绕组上，重复上述过程。

（5）两次过程中，万用表指针的摆动方向相同的，同一根表笔（红或黑）所接的是两个绕组的相同端。

（6）将电池换到另一绕组，用相同的方法既可判断出第三个绕组的引出线。

操作安全提示：

操作不当可能损坏绕组端头。

58. 用指针万用表（剩磁法）判断小型三相异步电动机首尾端。

准备工作：

（1）正确穿戴劳动保护用品。

（2）工用具、材料准备：常用电工工具1套、指针万用表1块。

操作程序：

（1）将电动机定子三相绕组的六根引线中，使用万用表电阻挡在六个出线端找出同一相绕组，每一绕组取一根引线，每一组要分别做好标记，将任意取来的三条引线连在一起，另外三条引线也连在一起。

（2）假定三个首端、三个尾端分别连接在一起，万用表的红、黑表棒分别接在首端和尾端，量程拨在较小的直流毫安挡上。

（3）转动电动机轴，转动转子并观察表针摆动，若表针在"0"位置抖动或不动，说明假设的首、尾端是正确的，如果指针摆动较大说明首尾分组不对，可将任意一个绕组中的两根引线对调，再去测量，如分组不对，把对调的两根引线恢复后，再调另外一相绕组的两根线，直到表针不再摆动，这时的测量结果则是一组三根引线为首，另一组三根引线为尾。

操作安全提示：

（1）操作不当可能损坏绕组端头。

（2）先用万用表将三相绕组找出，并把每一绕组分别做好标记。

59. 安装单相电能表。

准备工作：

（1）正确穿戴劳动保护用品。

（2）工用具、材料准备：常用电工工具 1 套、单相电能表 1 块、绝缘导线若干。

操作程序：

（1）根据负荷大小选择电能表容量，检查电能表外观是否完好，有无检定合格证书，将电能表的厂家、型号、出厂编号、电能表表示数等填写到工作任务书上。

（2）电能表安装牢固，电能表倾斜度小于 $1° \sim 2°$，单相电能表相距的最小距离为 30mm，电能表与屏边的最小距离应大于 40mm。

（3）按接线盒盖板上的原理图接线，核对正确。

（4）通电检查，电能表无潜动超常，带负荷检查表计运行正常。

（5）电能表及计量箱按规定安装铅封。

操作安全提示：

（1）必须有专人监护。

（2）电能表安装应停电进行。

（3）电能表安装在清洁干燥场所，不能装在易燃易爆、潮湿污染和有腐蚀气体的场所，要便于抄表。

（4）导线中间不得有接头或施工伤痕。

60. 安装低压三相四线直接接入式电能表。

准备工作：

（1）正确穿戴劳动保护用品。

（2）工用具、材料准备：常用电工工具1套、三相四线电能表1块、绝缘导线若干。

操作程序：

（1）根据负荷大小选择电能表容量，检查电能表外观是否完好，有无检定合格证书，将电能表的厂家、型号、出厂编号、电能表表示数等填写到工作任务书上。

（2）安装前检查计量箱本体完好，有无铅封锁。电能表在计量箱内安装牢固。

（3）用黄、绿、红导线区分相色，中性线用蓝色或黑色导线。

（4）按接线盒盖板上的原理图接线，核对正确。

（5）通电检查，电能表无潜动超常，带负荷检查表计运行正常。

（6）电能表及计量箱按规定安装铅封。

操作安全提示：

（1）必须有专人监护。

（2）电能表安装应停电进行。

（3）电能表安装在清洁干燥场所，不能装在易燃易爆、潮湿污染和有腐蚀气体的场所，要便于抄表。

（4）导线中间不得有接头或施工伤痕。

61. 安装低压三相四线经电流互感器接入式电能表。

准备工作：

（1）正确穿戴劳动保护用品。

（2）工用具、材料准备：常用电工工具 1 套、三相四线电能表 1 块、电流互感器 3 支，绝缘导线若干、线号管若干。

操作程序：

（1）根据负荷大小选择电能表容量及电流互感器变比，检查电能表及电流互感器外观是否完好，有无检定合格证书，将电能表的厂家、型号、出厂编号、电能表表示数、电流互感器的变比、出厂编号等填写到工作任务书上。

（2）安装前检查计量箱本体完好，有无铅封锁。

（3）选择确定电能表及电流互感器安装位置，进行安装，注意三只电流互感器在同一方向安装，保证电流互感器二次极性排列方向一致。

（4）用黄、绿、红导线区分相色，中性线用蓝色或黑色导线，二次回路要加装线号管。

（5）根据负荷需要选择一次导线截面，经互感器接入式电能表二次电流回路，电流回路导线截面为 $2.5mm^2$ 及以上的绝缘单股铜芯导线。

（6）按接线盒盖板上的原理图接线，核对正确。

（7）通电检查，电能表无潜动超常，带负荷检查表计运行正常。

（8）电能表及计量箱按规定安装铅封。

操作安全提示：

（1）必须有专人监护。

（2）电能表安装应停电进行。

（3）电能表安装在清洁干燥场所，不能装在易燃易爆、潮湿污染和有腐蚀气体的场所，要便于抄表。

（4）导线中间不得有接头或施工伤痕。

（5）电能表的工作零线要单独接取。

（6）电流互感器二次侧不得开路。

（7）电能表宜采用六线制接线方式，电流互感器二次侧不需接地。

62. 测定电流互感器的极性。

准备工作：

（1）正确穿戴劳动保护用品。

（2）工用具、材料准备：常用电工工具 1 套、非运行电流互感器 1 支，直流微安表 1 块、电压表 1 块、导线若干、电池通灯 1 套、按钮开关 1 只。

操作程序：

（1）直流法。用楞次定律的极性试验法，在电流互感器的一次绕组（或二次绕组）上，通过按钮开关 SA 接入 1.53V 干电池。L_1 接电池正极，L_2 接电池负极。在二次绕组两端接直流微安表。仪表的正极接 K_1，负极接 K_2。

若点按开关 SA，电路接通瞬间，直流微安表指针正摆（示值增大），而 SA 断开时，指针翻摆，则为反极性，反之则为同极性。

（2）交流法。将电流互感器一、二次绕组的尾端 L_1、K_2 接在一起，在匝数较多的二次绕组上通以 15V 交流电压 U_1，用 10V 以下电压表分别测量 U_2 和 U_3。若 $U_3=U_1-U_2$，则为反极性；若 $U_3=U_1+U_2$，则为同极性。

试验中通入的电压 U_1 应尽量低，只要电压表的读数能看清即可，以免电流太大而损坏绕组。为使读数清楚，应选用小量限电压表。

如果电流互感器的变比在 5 以下，用交流法测定极性既简单又准确；如果互感器的变比在 10 以上，由于 U_2 较小，

U_2 与 U_1 接近，电压表读数不易区分大小，因此不宜采用此法测定极性。

（3）仪器法。使用互感器校验仪进行校验，这种仪器有极性指示器，在测定电流互感器误差之前，可用该仪器预先检查极性。如果极性指示器无指示，则表明被测电流互感器的极性正确。

操作安全提示：

（1）正确使用微安表和电压表。

（2）互感器安装使用时注意一次侧安装方向。

63. 安装低压电流互感器。

准备工作：

（1）正确穿戴劳动保护用品。

（2）工用具、材料准备：常用电工工具 1 套、低压电流互感器 3 支。

操作程序：

（1）各相电流互感器用同型号同规格，一次导线和互感器排列从左至右按 A、B、C 相序排列。

（2）电流互感器对应一次开关，不得使一次线和互感器受力。

（3）各电流互感器应按同一方向安装，以保证该组电流互感器一次及二次回路电流的正方向均为一致，并尽可能易于观察铭牌。

（4）穿心式低压电流互感器，一次侧绕越匝数应一致、穿芯方向一致。

（5）采用经互感器接入方式，各元件的电压和电流应同相，互感器极性不能接错。否则电能表计量不准，甚至反转。

操作安全提示：

（1）电流互感器二次侧不得开路。

（2）电流互感器安装必须牢固。互感器外壳的金属外露部分应可靠接地。

64. 安装顺序启动控制电路。

准备工作：

（1）正确穿戴劳动保护用品。

（2）工用具、材料准备：常用电工工具 1 套、指针式万用表 1 块、顺序启动控制电路配件 1 套、1.5mm^2 绝缘铜线若干、2.5mm^2 绝缘铜线若干（导线截面根据电动机容量选择）。

操作程序：

（1）熟练掌握控制电路原理图、原理按原理图、选择各元器件参数，检查原理图所选用各元器件是否齐全良好。

（2）在给定的条件下合理布局各元器件，接线分主回路和控制回路，主回路要用规定的负荷，选用的导线由电源至空气断路器至交流接触器至热继电器到端子至负载分别做好标记。

（3）控制回路一般选用 1.5～2.5mm^2 的导线，按原理图接线，接线时要横平竖直，不交叉，不压绝缘，接点不松动，合理设置热继电器动作值。

（4）接线完毕要反复按原理图检查至确认无错，试运启机，如图 31 所示。

操作安全提示：

（1）导线剥削时可能伤到手。

（2）安装元器件用力过猛可能导致元器件损坏。

（3）接线错误启机时可能导致短路。

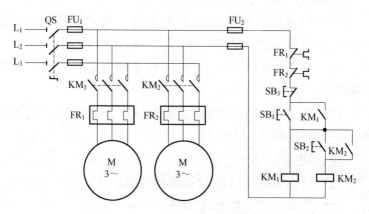

图 31　顺序启动控制电路图

65. 拆卸电动机前轴承。

准备工作：

（1）正确穿戴劳动保护用品。

（2）工用具、材料准备：常用电工工具 1 套、拉力器 1 把、撬棍 2 根、小型三相异步电动机 1 台。

操作程序：

（1）检查电动机转轴的外观无损伤，然后使用拉力器拆下电动机的皮带轮及平键。

（2）拆下电动机前轴小端盖螺栓，打开小端盖，检查电动机前轴承情况。

（3）拆下电动机前轴大端盖螺栓，用撬棍在大端盖边沿与定子的缝隙中平衡用力对撬拆下前大端盖。

（4）安装拉力器，使拉力器钩爪要平直地钩住轴承内圈，调整各拉杆长度相等，距离主螺杆中心线的距离相等，不要偏斜，并检查主螺杆应与转轴中心线重合。为了保护转轴端的顶尖孔，不要使主螺杆直接顶在顶尖孔上，在它们之间应垫上金属板或滚珠进行保护。

（5）拧紧的主螺杆向外拉轴承时，用力要均匀，使每个钩爪作用力一致，动作要平稳，不可使劲猛拉。

（6）在拆卸过程中，要保证轴承轴颈配合表面的精度不受损伤。

（7）热套装的轴承因过盈量较大，不允许改用冷拆办法，避免损伤轴承配合精度。

操作安全提示：

（1）拉力器脱落可能导致砸伤人员。

（2）操作不当可能损坏设备。

66. 安装电动机前轴承。

准备工作：

（1）正确穿戴劳动保护用品。

（2）工用具、材料准备：常用电工工具1套、手锤1把、轴承1支、变压器油若干、汽油若干、润滑脂若干、小型三相异步电动机1台。

操作程序：

（1）清洁电动机前轴颈，把经过清洗并加好润滑脂的内轴承盖套在轴颈上。

（2）将新轴承放置在70～80℃的变压器油中加热5min，待全部防锈油熔去后，再用汽油洗净，用洁净的布擦干待装。

（3）根据情况选择冷套或热套的方法把轴承套装到轴颈上。

（4）轴承套好后，在轴承内外圈里和轴承盖里均匀装塞洁净润滑脂，但不应完全装满，一般占空腔容积的1/3～1/2（二极电动机）或2/3（四极及以上电动机），占内外盖盖内容积的1/3、1/2。

（5）在轴颈的键槽里放上平键，采用冷套的方法安装皮带轮。

操作安全提示：

（1）轴承加热时可能发生烫伤。

（2）使用汽油等易燃品要防止火灾。

（3）操作不当可能损坏设备，也可能致操作者机械伤害。

67. 测量运行中电动机三相电流。

准备工作：

（1）正确穿戴劳动保护用品。

（2）工用具、材料准备：指针式万用表 1 块、钳形电流表 1 块。

操作程序：

（1）检查仪表的完整性，无问题方可继续使用。

（2）将万用表挡位拨至交流电压 500V 挡，并测量电源开关的下侧三相电压是否平衡。

（3）将钳形电流表挡位拨至略大于电动机额定电流的挡位，测量任意一根电源开关至电动机的导线电流，并记下电流值。

（4）根据实测的电流值，将钳形电流表挡位拨至略大于实测电流值的挡位。

（5）再次测量电源开关至电动机的任意一根导线电流，记下电流值，此时的电流值即为电动机的运行电流。

（6）分别测量另外两相电流，记下电流值，对比三相是否平衡。

（7）在电动机的接线盒外测量电动机三相电流的矢量和，即将三根相线同时放在钳形电流表的钳口内，测量结果有电流数值显示，表明电动机三相电流不平衡，电流不平衡度应小于运行电流值的 10% 为正常。

（8）电流不平衡度大于运行电流值的 10% 需查找原因并对症处理。

操作安全提示：

（1）测量过程中违章操作可能导致触电。

（2）钳形电流表挡位使用不当可能损坏仪表。

68. 铺设室内配线。

准备工作：

（1）正确穿戴劳动保护用品。

（2）工用具、材料准备：常用电工工具 1 套、电动工具 1 套、2.5mm² 绝缘导线若干、保护套管若干、配套弯头若干。

操作程序：

（1）选择绝缘强度大于线路额定工作电压的导线。

（2）规划线路在室内的走向，并在适当位置画线。

（3）量取各段线路的长度并做记录，按照长度顺序截取相应长度的保护管。

（4）按照长度顺序将导线穿入保护管，每段保护管中间加配 1 个弯头。

（5）配线的导线中应尽量避免接头，穿在管内敷设的导线不准有接头。

（6）从起点开始用管卡子将保护管固定在画线的部位，做到横平竖直，导线与地面的最小距离应符合的规定，以防机械损伤。绝缘导线至地面的最小距离如下：导线水平敷设室内 2.5m，导线水平敷设室外 2.7m。导线垂直敷设室内 1.8m，导线垂直敷设室外 2.7m。

（7）导线穿越楼板时，应将导线穿入钢管或硬塑料管内保护，保护管上端口距地面不应小于 1.8m，下端口到楼板下为止。

（8）导线穿墙时，也应加装保护管（瓷管、塑料管、钢管等），保护管的两端出线口伸出墙面的距离不应小于10mm。

（9）导线相互交叉时，为避免相互碰线，在每根导线上应加套绝缘管保护，并将套管牢靠地固定。

（10）安装配线终端盒，然后停电接上首端电源，通电试用，配线工作即告完成。

操作安全提示：

（1）登高作业可能导致摔伤。

（2）使用电动工具时可能发生意外伤害。

（3）带电作业可能导致触电或短路。

69. 安装配电箱。

准备工作：

（1）正确穿戴劳动保护用品。

（2）工用具、材料准备：常用电工工具 1 套、电动工具 1 套、配电箱 1 面。

操作程序：

（1）选择配电箱的安装地点，并将配电箱牢固固定。

（2）工地设置室外总配电箱和分配电箱，按照三级配电两级漏保配电。

（3）动力配电箱和照明配电箱应分开设置，如合置在同一配电箱内，动力和照明线路应分路设置，开关箱应由末级配电箱配电。

（4）总配电箱应设置在靠近电源的地区，分配电箱应设在用电设备和负荷相对集中的地区。分配电箱和开关箱的距离不得超过 30m。开关箱与其控制的用电设备的水平距离不宜超过 3m。

（5）配电箱和开关箱应装设在干燥、通风及常温场所，周围应有足够 2 人同时操作的空间和通道，不得堆放任何妨碍操作和维修的物品，不得有灌木和杂草。

（6）配电箱和开关箱应采用铁板或优质绝缘材料制作、铁板的厚度应大于 1.5mm，配电箱、开关箱应装设端正、牢固，移动式配电箱、开关箱应装设在坚固的支架上。固定式配电箱、开关箱的下底与地面的垂直距离应大于 1.3m，小于 1.5m，移动式分配电箱、开关箱的下底与地面的垂直距离宜大于 0.6m，小于 1.5m。

（7）配电箱、开关箱必须防雨、防尘。

（8）停电连接进、出配电箱的所有电线、电缆，并保证连接良好。

（9）通电试用。

操作安全提示：

（1）配电箱无防雨防尘措施可能导致线路老化，导致短路。

（2）操作不当可能损坏配电箱内电器元件。

（3）带电作业可能导致触电或短路。

70. 安装开关（插座）。

准备工作：

（1）正确穿戴劳动保护用品。

（2）工用具、材料准备：常用电工工具 1 套、开关（插座）1 个、2.5mm² 绝缘导线若干。

操作程序：

（1）选择开关（插座）安装地点：进门开关盒底边距

地面 1.2～1.4m，侧边距门套线必须大于 70mm。并列安装的相同型号开关距地面高度相差不应超过 1mm，特殊位置（床头开关等）的开关按业主要求进行安装，如发现同一水平线的开关超过 5mm，需返工。

（2）灯具开关必须串接在相线上，不得零线串接开关。

（3）插座应依据其使用功能定位，尽量避免牵线过长，插座数量宁多勿少。地脚插座底边距地面应超过 300mm，凡插座底边距地低于 1.8m 时须用安全型插座（依据：《住宅建筑规范》GB 50368—2005、《住宅设计规范》GB 50096—2011）。

（4）在潮湿场所应用密封式或保护式插座，安装高度应超过 1.5m。

（5）在儿童房，应采用安全型插座。

（6）开关、插座应采用专用底盒，四周不应有空隙，盖板必须端正、牢固。

（7）计算负荷时，凡没有给定负荷的插座，均按 1kW 计算，普通插座采用 2.5mm² 铜芯线。

（8）面板垂直度允许偏差不应超过 1mm。

（9）凡插座必须是面板方向左接零线，右接相线、三孔插座上端接地线，并且盒内裸露铜线不允许超过 1mm。

（10）开关、插座要避开造型墙面，非要不可的除非设计要求尽量安装在不显眼的地方。

（11）开关安装应方便使用，同一室内开关必须安装在同一水平线上，并按使用频率顺序布置。

（12）开关、插座应尽量安装在瓷砖正中。开关、插座避免安装在瓷砖腰线和木质结构上。

（13）根据要求停电连接开关（插座）的接线，并固定开关（插座）面板，通电试用。

操作安全提示：

（1）潮湿场所用普通插座可能发生漏电事故。

（2）安装时用力过猛可能会损坏开关、插座。

（3）带电作业可能导致触电或短路。

71. 漏电保护器的接线。

准备工作：

（1）正确穿戴劳动保护用品。

（2）工用具、材料准备：常用电工工具 1 套、漏电保护器 1 个。

操作程序：

（1）根据情况固定漏电保护器。

（2）停电，按照漏电保护器的说明书正确接线，否则可能造成漏电保护拒动作或误动作。

（3）漏电保护器的负荷侧是一个独立的系统，不能与其他线路、电气设备及其他回路发生电气联系，包括零线。

（4）接线时漏电保护器电源侧必须接电源、负荷侧接负载，不可接错。

（5）通过漏电保护器的负荷侧零线不能重复接地，不能接保护线 PE，零线不能作为保护线使用。

（6）三极四线、四极四线零线 N 应接入漏电保护器。

（7）通电试用。

操作安全提示：

（1）带电作业时可能发生触电事故。

（2）操作不当可能损坏元件。

（3）带电作业可能导致触电或短路。

72. 安装灯具。

准备工作：

（1）正确穿戴劳动保护用品。

（2）工用具、材料准备：常用电工工具 1 套、灯具 1 套。

操作程序：

（1）根据灯具类型选择灯具安装地点及固定方式，并将灯具固定。

（2）采用钢管灯具吊杆时，钢管内径不应小于 10mm，管壁厚度不应小于 1.5mm。

（3）吊链式灯具的灯线不能受拉力，灯线必须超过吊链 20mm 的长度，灯线与吊链编叉在一起。

（4）同一室内或现场成排安装的灯具，在安装成排灯具时，应按先定位，然后顺序安装，其中心偏差不大于 5mm。

（5）当灯具质量大于 2kg 时，应采用膨胀螺栓固定。

（6）灯具组装必须合理、牢固，导线接头必须牢固、平整。

（7）镜前灯安装一般要求距地面 1.8m 左右，但必须与客户沟通后确定。

（8）嵌入式装饰灯具的安装须符合下列要求：

① 灯具应固定在专设的框架上，导线在灯盒内应留有余地，方便维修拆卸。

② 灯具的边框应紧贴在顶棚面上且完全遮盖灯孔。

③ 矩形灯具的边框宜与顶棚的装饰直线平行，其偏差不超过 5mm。

（9）停电连接灯具电线，并做好绝缘。

（10）通电试验。

操作安全提示：

（1）登高作业可能导致摔伤。

（2）易碎灯具可能导致人员受伤。

（3）带电作业可能导致触电或短路。

73. 安装 PT100 热电阻。

准备工作：

（1）正确穿戴劳动保护用品。

（2）工用具、材料准备：常用电工工具 1 套、万用表 1 块、PT100 热电阻 1 支。

操作程序：

（1）根据情况选择热电阻的型号。

（2）将 PT100 热电阻缓慢插入保护管内。

（3）使用万用表电阻挡测量电阻值。

（4）使用螺钉旋具将 PT100 热电阻接线端子压紧，两线式热电阻不必区分线序，三线式热电阻应将补偿导线正确连接。

（5）将接线盒的出线孔朝下安装，以防因密闭不良，水汽、灰尘等沉积造成接线端子短路。

（6）通电试用。

操作安全提示：

（1）带电作业时可能发生触电事故。

（2）操作不当可能损坏元件。

74. 安装电流型两线式温度变送器。

准备工作：

（1）正确穿戴劳动保护用品。

（2）工用具、材料准备：常用电工工具 1 套、万用表 1

块、两线式温度变送器 1 台。

操作程序：

（1）外观检查。

① 铭牌应清晰无误。

② 零部件、固定件、密封件应完好。

（2）正确选择测温点。

① 测温定不得选择死角区域，尽量避开电磁干扰。

② 应与被测介质充分接触。

（3）确定测温元件的插入深度。

（4）使用螺钉旋具将两线式温度变送器串联安装至线路中。

① 两线式温度变送器 + 端子接至直流电源正极。

② 两线式温度变送器 – 端子接至接收设备的信号输入端。

（5）通电检查直流电压。

操作安全提示：

（1）带电作业时可能发生触电事故。

（2）操作不当可能损坏元件。

（3）电压等级选择不当会损坏仪表。

（4）为防止连接导线受到外来的机械损伤，应将连接导线穿入金属管或汇线槽。

75. 检查运行中的热电偶。

准备工作：

（1）正确穿戴劳动保护用品。

（2）工用具、材料准备：常用电工工具 1 套、万用表 1 块、热电偶 1 支。

操作程序：

（1）查看控制室温度显示是否正常。

（2）检查热电偶本体损坏和腐蚀情况。

（3）检查电缆保护套管有无破损断裂，连接处有无松动情况。

（4）检查紧固件应紧固。

（5）检查仪表保温、伴热情况。

（6）热电偶接线端子所处环境温度不应高于100℃。

（7）线路标号应齐全、准确、清晰。

（8）使用万用表毫伏挡测量热电偶的电压是否正常。

操作安全提示：

（1）带电作业时可能发生触电事故。

（2）操作不当可能损坏元件。

（3）高处作业时可能发生高空坠落事故。

76.更换压力变送器。

准备工作：

（1）正确穿戴劳动保护用品。

（2）工用具、材料准备：常用电工工具1套、万用表1块、活动扳手1把、压力变送器1台。

操作程序：

（1）检查新压力变送器铭牌参数。

（2）关闭电源，使用万用表确定无电后拆除信号线。

（3）关闭压力变送器取压阀后泄压。

（4）拆下护线管，将信号电缆从压力变送器中缓慢抽出。

（5）使用活动扳手卸下压力变送器。

（6）将新的压力变送器拧紧。

（7）将信号线正负极正确连接、紧固。

（8）将接线盒盖拧紧。

（9）打开关闭泄压阀后打开取压阀。

（10）查看阀门螺纹处是否泄漏。

（11）送电，观察数值是否正确无误。

操作安全提示：

（1）带电作业时可能发生触电事故。

（2）操作不当可能损坏元件。

（3）高处作业时可能发生高空坠落事故。

77. 投用差压变送器。

准备工作：

（1）正确穿戴劳动保护用品。

（2）工用具、材料准备：常用电工工具1套、万用表1块、活动扳手1把、差压变送器1台。

操作程序：

（1）检查变送器安装是否牢固。

（2）检查引压管接头连接是否牢固。

（3）检查三阀组状态。

（4）使用排污螺钉吹扫。

（5）关闭正、负压室阀后拧紧排污螺钉。

（6）检查变送器电气回路接线牢固。

（7）线路标号应齐全、准确、清晰。

（8）使用万用表直流电压挡测量变送器的电压是否正常。

（9）送电，检查显示数值是否正常、准确。

操作安全提示：

（1）带电作业时可能发生触电事故。

（2）操作不当可能损坏元件。

（3）高处作业时可能发生高空坠落事故。

78. 处理压力变送器接头渗漏。

准备工作：

（1）正确穿戴劳动保护用品。

（2）工用具、材料准备：常用电工工具 1 套、万用表 1 块、活动扳手 1 把、试漏液少许、压力变送器 1 台。

操作程序：

（1）关闭电源，拆除信号线。

（2）关闭压力变送器取样阀，卸压。

（3）拆下压力变送器。

（4）拆下变送器接头。

（5）清理变送器接头内螺纹及变送器外螺纹。

（6）顺时针缠绕生料带。

（7）更换新垫片。

（8）安装变送器，使用扳手拧紧。

（9）安装防爆接头，套入线号标。

（10）恢复连接信号线。

（11）拧紧盒盖，关闭卸压阀

（12）变送器送电，打开根部阀，使用试漏液试漏。

（13）检查数值是否准确无误。

操作安全提示：

（1）带电作业时可能发生触电事故。

（2）操作不当可能损坏元件。

（3）高处作业时可能发生高空坠落事故。

79. 检查压力开关。

准备工作：

（1）正确穿戴劳动保护用品。

（2）工用具、材料准备：常用电工工具 1 套、万用表 1

块、压力开关1块、精密压力表1块、压力泵1台。

操作程序：

(1) 关闭电源，打开接线盒使用万用表测试确无电压。

(2) 拆下信号线。

(3) 检查开关外观洁净、无破损。

(4) 用兆欧表检查压力开关电气绝缘。

(5) 连接压力开关、压力泵及精密压力表。

(6) 使用压力泵增加压力，检查有无泄漏。

(7) 将万用表表笔连接至压力开关输出端，挡位选择为蜂鸣挡。

(8) 使用压力泵增加压力，观察精密压力表压力值，当压力增大至压力开关动作值时，观察万用表蜂鸣器有无蜂鸣声响。

(9) 手动将压力泵泄压，观察精密压力表压力值，当压力降低至压力开关动作值以下时，观察万用表蜂鸣器是否停止蜂鸣声响。

(10) 连接信号线，牢固安装接线盒盖。

(11) 通电使用。

操作安全提示：

(1) 带电作业时可能发生触电事故。

(2) 操作不当可能损坏元件。

(3) 压力过大可能损坏压力开关。

(4) 兆欧表使用不当可能导致触电或仪表损坏。

80. 安装调试超声波物位仪。

准备工作：

(1) 正确穿戴劳动保护用品。

(2) 工用具、材料准备：常用电工工具1套、万用表1

块、超声波物位仪 1 台、导线若干。

操作程序：

（1）安装超声波物位仪：选择信号类型、量程、安装场合适合的超声波物位仪。

① 牢固安装，避免振动。

② 传感器与被测物平行安装。

③ 传感器不可靠近容器侧壁。

④ 容器内避免障碍物干扰测量。

（2）参照使用说明书正确连接导线。

① 工作电源：220V 交流或 24V 直流电源。

② 信号：将信号电缆接至 +、- 端子，直流信号区分正负极性。

（3）参数设定。

① 设定输出信号类型。

② 设定上下限量程和仓位值。

③ 设定响应速率。

④ 设定近端盲区。

（4）牢固安装接线盒盖。

（5）通电使用。

操作安全提示：

（1）带电作业时可能发生触电事故。

（2）操作不当可能损坏元件。

（3）高处作业时可能发生高空坠落事故。

81.安装调试多功能数字电力仪表。

准备工作：

（1）正确穿戴劳动保护用品。

（2）工用具、材料准备：常用电工工具 1 套、万用表 1

块、多功能电力仪表 1 块。

操作程序：

（1）关闭电源，使用万用表测试确无电压。

（2）根据负荷大小选择多功能电力仪表容量及电流互感器变比，检查电力仪表及电流互感器外观是否完好，有无检定合格证书。

（3）根据仪表类型选择安装位置，并将仪表固定。

（4）用黄、绿、红导线区分相色，中性线用蓝色或黑色导线，二次回路要加装线号管。

（5）根据负荷需要选择一次导线截面，经互感器接入式电能表二次电流回路，电流回路导线截面为 2.5mm^2 及以上的绝缘单股铜芯导线。

（6）按原理图接线，核对正确。

① 电压输入 U_a、U_b、U_c：输入电压应不高于产品的额定输入电压（100V 或 400V），若无注明，出厂为 AC 0 ～ 500V、高于 500V 应考虑使用 PT，在电压输入端须安装 1A 熔断丝。

② 电流输入 I_a、I_b、I_c：标准额定输入电流为 5A，大于 5A 的情况应使用外部 CT。如果使用的 CT 上连有其他仪表，接线应采用串接方式，去除产品的电流输入连线之前，一定要先断开 CT 一次回路或者短接二次回路。建议使用接线排，不要直接接 CT，以便拆装。

③ 要确保输入电压、电流相对应，顺序一致，方向一致；否则会出现功率和电能的数值和符号错误。

（7）通电设定参数。

① 确定电压范围，100V 或 400V。

② 确定电流范围，1A 或 5A。

③ 确定电压比，电流比。

操作安全提示：

（1）必须有专人监护。

（2）安装应停电进行。

（3）导线中间不得有接头或施工伤痕。

（4）电流互感器二次侧不得开路。

82. 安装调试多功能数字显示仪表。

准备工作：

（1）正确穿戴劳动保护用品。

（2）工用具、材料准备：常用电工工具 1 套、万用表 1 块、多功能数字显示仪表 1 块、导线若干。

操作程序：

（1）关闭电源，使用万用表测试确无电压。

（2）检查多功能数字显示仪表器外观是否完好，有无检定合格证书。

（3）根据仪表类型选择安装位置，并将仪表固定。

（4）按说明书上的原理图接线，核对正确。

① 工作电源：核对仪表所使用的工作电源，区分交流 220V 和直流 24V。

② 模拟量输入端子：按照外部传感器信号类型，选择适当端子进行连接，区分正负极。

③ 数字量输出端子：根据所驱动负载类型及数量正确连接。

（5）通电设定参数。

① 设定输入信号类型：热电阻、热电偶、0～10V、4～20mA 等。

② 设定量程：根据传感器类型正确选择，避免出现示

值不准的情况。

③ 设定继电器输出数值：根据工艺控制要求，设定上下限数值，满足报警或控制要求。

（6）观察现场反馈值与真实值是否一致。

（7）试验数字量输出功能是否准确。

操作安全提示：

（1）必须有专人监护。

（2）安装应停电进行。

（3）导线中间不得有接头或施工伤痕。

（4）电压等级过大会损坏仪表。

83. 安装调试智能操作器。

准备工作：

（1）正确穿戴劳动保护用品。

（2）工用具、材料准备：常用电工工具 1 套、万用表 1 块、智能操作器 1 块、导线若干。

操作程序：

（1）关闭电源，使用万用表测试确无电压。

（2）检查智能操作器外观是否完好，有无检定合格证书。

（3）根据仪表类型选择安装位置，并将仪表固定。

（4）按说明书上的原理图接线，核对正确。

① 工作电源：核对仪表所使用的工作电源，区分交流 220V 和直流 24V。

② 模拟量输入端子：按照外部传感器信号类型，选择适当端子进行连接，区分正负极。

③ 模拟量输出端子：按照被控设备类型选择相应端子进行连接，区分正负极。

④ 模拟量变送输出端子：连接需要接收信号设备的模拟量输入端子。

⑤ 通信端子：根据通信方式连接端子。

⑥ 数字量输出端子：根据所驱动负载类型及数量正确连接。

（5）通电设定参数。

① 设定输入信号类型：热电阻、热电偶、0～10V、4～20mA 等。

② 设定量程：根据传感器类型正确选择，避免出现示值不准的情况。

③ 设定输出信号类型：0～10V、4～20mA。

④ 设定继电器输出数值：根据工艺控制要求，设定上下限数值，满足报警或控制要求。

（6）观察现场反馈值与真实值是否一致。

（7）测量数字量输出功能是否准确。

（8）测量模拟量输出信号是否准确。

（9）测量变送输出信号是否正确。

（10）调试通信功能是否正常。

操作安全提示：

（1）必须有专人监护。

（2）安装应停电进行。

（3）导线中间不得有接头或施工伤痕。

（4）电压等级过大会损坏仪表。

84.安装调试软启动器控制。

准备工作：

（1）正确穿戴劳动保护用品。

（2）工用具、材料准备：常用电工工具 1 套、万用表 1

块、软启动器1台、导线若干。

操作程序：

(1) 关闭电源，使用万用表测试确无电压。

(2) 检查软启动器外观是否完好，有无检定合格证书。

(3) 将软启动器固定于合适位置。

(4) 按说明书上的原理图接线，核对正确。

① 主回路端子：连接断路器、软启动器、交流接触器、热继电器主回路电缆。

② 工作电源：核对软启动器所使用的工作电源。

③ 数字量输入端子：使用导线将 RUN、STOP、COM 端子按照两线式或三线式控制要求进行连接。

④ 数字量输出端子：将旁路输出端子连接至旁路交流接触器的线圈两端；将故障报警端子连接至报警回路中，将可编程输出端子连接至指示回路中。

⑤ 通信端子：根据通信方式连接端子。

(5) 通电设定参数。

① 设定额定电流值。

② 设定软启加速时间。

③ 设定软停减速时间。

④ 设定软启限制电流。

⑤ 设定过载调整值。

⑥ 设定欠压保护及过压保护。

(6) 带负载启动运行。

操作安全提示：

(1) 必须有专人监护。

(2) 安装应停电进行。

(3) 导线中间不得有接头或施工伤痕。

（4）控制端子如有高电压会损坏软启动器。

（5）转动设备有伤人的风险。

85. 安装调试 ABB-ACS510 变频器调速电路。

准备工作：

（1）正确穿戴劳动保护用品。

（2）工用具、材料准备：常用电工工具 1 套，万用表 1 块、变频器 1 台、连接导线若干。

操作过程：

（1）检查电路所需的所有元件应完好。

（2）安装、固定元器件。

（3）按照电气原理图接线。

① 主回路端子：连接断路器、变频器、交流接触器主回路电缆。

② 数字量输入端子，将变频器启动端子 DI1 和 24V 与交流接触器常开接点连接。

③ 模拟量输入端子：将变频器模拟量输入端子 AI1、AGND 及 10V 端子与电位器连接。

④ 数字量输出端子：将变频器可编程数字量输出端子 R01C、R01B 与故障指示灯连接。

（4）通电设定参数。

① 设定应用宏。

② 设定加速时间。

③ 设定减速时间。

④ 设定电动机功率、电流、极数。

⑤ 设定保护参数。

（5）检查所有接线。

（6）合上断路器，按下启动按钮，观察面板指示灯及变频器启动情况。

(7) 调试电路。

操作安全提示：

(1) 必须有专人监护。

(2) 安装应停电进行。

(3) 控制端子如有高电压会损坏软启动器。

(4) 转动设备有伤人的风险。

86. 变频器的日常检查。

准备工作：

(1) 正确穿戴劳动保护用品。

(2) 工用具、材料准备：常用电工工具 1 套、指针式万用表 1 块。

操作程序：

(1) 查看变频器的安装地点、环境是否异常。

(2) 打开变频器控制箱检查冷却系统是否正常。

(3) 检查变频器、电动机、电抗器等是否过热、变色或有异味。

(4) 检查变频器和电动机是否有异常震动、异常声音。

(5) 测量变频器上端主电路电压是否三相平衡，电压是否正常，控制电路电压是否正常。

(6) 检查导线连接是否牢固可靠。

(7) 检查滤波电容器是否有异味。

(8) 检查各种显示是否正常。

(9) 关上变频器控制箱的柜门并加锁。

操作安全提示：

(1) 检查中违章操作可能造成触电事故。

(2) 操作不当可能导致设备损坏。

87. 变频器的定期维护。

准备工作：

（1）正确穿戴劳动保护用品。

（2）工用具、材料准备：常用电工工具 1 套、指针式万用表 1 块、500V 兆欧表 1 块。

操作程序：

（1）按变频器停机按钮，直至电动机停运（螺杆泵需等待扭矩释放完成），再断开变频器上侧的空气断路器。

（2）清扫空气过滤器，定时检查冷却系统是否正常。

（3）检查有关紧固件是否松动，并进行必要的紧固。

（4）导体绝缘物是否有腐蚀、过热的痕迹、变色或破损。

（5）检查绝缘电阻阻值是否在正常范围内。控制电路不要使用兆欧表测试绝缘电阻。

（6）检查及更换冷却风扇、滤波电容器等。

（7）检查端子排是否有损伤，继电器触点是否粗糙。

（8）确定控制电压的正确性，进行顺序保护动作实验，确认保护、显示回路有无异常。

（9）一般定期检查为 1 年进行一次，绝缘电阻检查为 3 年一次。

（10）合上变频器上侧的断路器并启动变频拖动装置。

操作安全提示：

（1）检查中违规动作可能造成触电事故。

（2）操作不当可能导致设备损坏。

88. 变频器通电前的检查。

准备工作：

（1）正确穿戴劳动保护用品。

（2）工用具、材料准备：用常电工工具 1 套指、针式万用表 1 块、500V 兆欧表 1 块。

操作程序：

（1）对照变频器使用说明书，对变频器外观进行检查：

① 检查变频器的安装空间和安装连接是否符合要求。

② 查看变频器的铭牌数据是否与所驱动的电动机相配合。

③ 检查变频器的主电路接线和控制电路接线是否符合要求，必要时进行测量。

（2）对照变频器系统设计图，对变频器接线进行检查：

① 交流电源不要加到变频器的输出端。

② 变频器与电动机之间的接线不能超过允许的最大布线距离，是否应加交流输出电抗器。

③ 交流电源线不能接到控制电路端子上。

④ 主电路地线和控制电路地线、零线的接法应符合要求。

⑤ 在工频与变频相互切换的应用中，电气与机械的互锁是否满足要求。

（3）对照变频器使用说明书，对电源电压、电动机和变频器控制信号进行测试。

① 检查电源电压是否在允许范围内。

② 测试变频器的控制信号（模拟量和开关量）是否满足工艺要求。

（4）通电试验。

操作安全提示：

（1）检查中违章操作可能造成触电事故。

（2）操作不当可能导致设备损坏。

89. 测量变频器的绝缘电阻。

准备工作：

（1）正确穿戴劳动保护用品。

（2）工用具、材料准备：常用电工工具1套、500V兆欧表1块、万用表1块。

操作程序：

（1）断开变压器低压测开关，悬挂"禁止合闸，有人工作！"警告牌。

（2）打开变频器控制箱，把变频器外接线拆离变频器，按电缆绝缘要求进行外接线绝缘电阻测量。

（3）把变频器的所有进线端（R、S、T）和出线端（U、V、W）都连接起来，测量变频器主电路绝缘电阻，如图32所示。

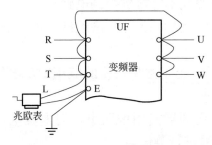

图32 绝缘电阻的测量

（4）用万用表的高阻挡进行控制电路绝缘电阻的测量。

（5）恢复变频器原来的接线，将变频器投入运行。

操作安全提示：

（1）违章操作可能造成触电事故。

（2）操作不当可能损坏设备。

90. 用 PLC 完成电机 Y-△启动控制电路接线。

准备工作：

（1）正确穿戴劳动保护用品。

（2）工用具、材料准备：常用电工工具 1 套、指针式万用表 1 块、1mm² 绝缘导线若干、4mm² 绝缘导线若干（根据电动机容量选择主回路导线截面）。

操作程序：

（1）识读电动机 Y-△启动控制图，并识读 PLC 控制 I/O 接线图，如图 33、图 34、图 35 所示。

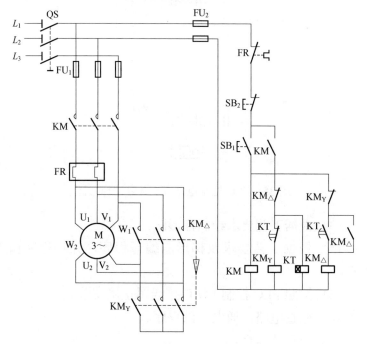

图 33　电动机 Y-△启动电路图

（2）检测所要使用的元器件质量及数目。

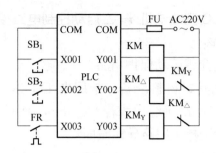

图 34　PLC 控制电路 Y- △启动接线图

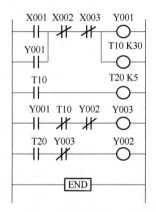

图 35　PLC 控制电路 Y- △启动梯形图

（3）根据工艺要求绘制梯形图。

（4）根据工艺要求及梯形图编写程序，并将程序输入PLC。

（5）按照 PLC 控制 I/O 口接线图正确安装。

（6）检查电路，通电调试程序。

（7）带负载运行。

操作安全提示：

（1）操作不当可能损坏设备。

（2）接线错误可能导致短路。

91. 集中式逆变器更换防雷器。

准备工作：

（1）正确穿戴劳动保护用品。

（2）工用具、材料准备：常用电工工具 1 套、数字万用表 1 块、防雷器 1 个、保险钳 1 把。

操作程序：

（1）将逆变器交流断路器，直流断路器拉至断开位置，停机 20min 后使用万用表测量确无电压后方可进行工作。

（2）卸下防雷器的外盖板。

（3）取下防雷器固定螺钉以及接线螺钉，将防雷器取出。

（4）将全新并且合格的防雷器装好，接地牢固。

（5）接线相序正确，紧固螺钉。

（6）上好防雷器外盖板。

（7）防雷器更换完毕，行全面检查。

（8）防雷器更换完毕后全面检查：

① 检查逆变器防雷器固定螺钉拧紧。

② 检查逆变器防雷器接地螺钉紧固。

③ 检查逆变器防雷器接线相序正确。

④ 检查设备内部无遗留物。

（9）合上 400V 配电柜逆变器二次电源。

（10）合上箱变低压侧断路器。

（11）合上直流柜内直流断路器。

（12）合上逆变器交流侧断路器。

（13）合上逆变器直流侧断路器。

（14）检查恢复完毕。

操作安全提示：

（1）违章操作可能造成触电事故。

（2）操作不当可能损坏设备。

92. 更换集中式逆变器（更换交流断路器）。

准备工作：

（1）正确穿戴劳动保护用品。

（2）工用具、材料准备：常用电工工具 1 套、数字万用表 1 块、交流接触器 1 个。

操作程序：

（1）将逆变器直流侧断路器、交流断路器断开，箱变低压侧断路器断开，停机 20min 后使用万用表测量确无电压后方可进行工作。

（2）使用平口螺丝刀撬开开关把手处的盖板。

（3）拆除开关把手处盖板内的螺钉。

（4）使用一字形螺丝刀撬开开关本体处的盖板。

（5）取下开关上的脱扣器。

（6）拆除开关的辅助节点连接线。

（7）拧开开关下侧交流电缆铜牌螺钉。

（8）拧开开关出线交流铜牌螺钉。

（9）拆除交流断路器与柜体连接的上下侧螺栓。

（10）取下该断路器。

（11）对新断路器安装好脱扣器。

（12）安装新断路器。

（13）接引交流断路器进出线铜牌螺钉。

（14）接引辅助节点连接线。

（15）安装开关本体以及把手处的盖板。

（16）交流断路器更换完毕。

（17）交流断路器更换完毕后全面检查：

① 检查交流断路器安装位置正确，螺栓螺孔一一对应。

② 检查交流断路器脱扣器、辅助接线接引正确。

③ 将断路器分合两次，保证分合正常。

④ 按压断路器测试键，保证断路器脱扣正常。

⑤ 检查交流断路器进出线接引牢固。

⑥ 检查交流断路器盖板封闭严实无缝隙。

（18）合上外电取电电源小空开。

（19）合上箱变低压侧断路器。

（20）合上逆变器交流断路器。

（21）测量交流断路器进、出线侧三相电压正常。

（22）合上逆变器内直流断路器（两个）。

（23）测量逆变器直流侧正负极电压正常。

（24）等待逆变器自动并网。

（25）全面检查。

操作安全提示：

（1）违章操作可能造成触电事故。

（2）操作不当可能损坏设备。

93. 组串式逆变器进线侧 MC4 插头更换。

准备工作：

（1）正确穿戴劳动保护用品。

（2）工用具、材料准备：常用电工工具 1 套、数字万用表 1 块、MC4 插头 1 个。

操作程序：

（1）将该 MC4 故障插头处完全隔离。即断开该逆变器直流输入开关，拔开逆变器侧所有支路。MC4 插头，拔开所有支路所对应光伏组串出线 MC4 插头。

（2）使用工器具将损坏的 MC4 插头剪去。

（3）使用工器具剥去绝缘以及电缆阻燃材料。

（4）使用工器具进行 MC4 插头制作。

（5）将线缆除线鼻子连接处外使用绝缘胶带进行绝缘处理。

（6）MC4 插头制作完毕。

（7）组串式逆变器进线侧 MC4 插头更换完毕后全面检查。

① 检查 MC4 插头制作良好。

② 检查 MC4 插头正负极制作正确。

③ 检查正负极之间未短路。

（8）检查完毕后恢复安全措施和送电及检查。

（9）插上所有支路所对应的光伏组串出线 MC4 插头。

（10）测量已制作 MC4 插头电压正常。

（11）插上逆变器侧所有支路 MC4 插头。

（12）合上逆变器直流输入开关。

（13）检查逆变器并网运行正常。

（14）使用钳形电流表测量各支路输入电流正常。

（15）检查恢复完毕。

操作安全提示：

（1）违章操作可能造成触电事故。

（2）操作不当可能损坏设备。

常见故障判断与处理

1. 三相电压平衡但三相电压高于或低于额定电压 ±10％以上故障有什么现象？故障原因有哪些？如何处理？

故障现象：

三相电压超过额定值 10% 或过低于额定值 10%。

故障原因：

（1）三相电压超过额定值 10% 的原因是变压器分接开关挡位不对。

（2）三相电压低于额定值 10% 的原因有：

① 变压器分接开关挡位不对。

② 变压器负载过大、总容量不够。

③ 线路供电距离过长。

④ 电力线路导线或电缆截面过小。

处理方法：

（1）测量配电室低压电源总开关的三相电压值，测得结果三相电压值（V）都高于或低于额定电压 ±10％以上表明电力变压器的分接开关位置调整不当。处理方法是调整变压器分接开关使变压器低压侧的空载电压达到标准，一般为 400V。

（2）电源总开关电压正常，测量电动机电源开关电压，如电压低于额定电压 10％以下则表明由电源总开关至电动机电源开关线路导线过细。排除方法为重新核算负载容量、供电线路长度，重新计算电压降，合理选择导线截面积，更换某段过细的导线。

2. 三相电压不平衡超过 5%故障有什么现象？故障原因有哪些？如何处理？

故障现象：

三相电压不平衡超过 5%。

故障原因：

(1) 变压器高压侧电压不平衡。

(2) 变压器内部故障。

(3) 变压器至测量点的电力线路断线、接触不良、开关烧损、熔断丝熔断、单相接地等。

(4) 变压器负荷分配不均，其中一相或两相严重偏载过负荷。

处理方法：

(1) 测量配电室低压电源总开关三相电压值，在高压侧电压正常的情况下测得三相电压不平衡则表明变压器内部有匝间短路故障或由变压器至电源总开关的线路有故障。线路故障大多由接触不良引起，处理方法为检测变压器绕组直流电阻，查找线路接触不良故障点予以排除。

(2) 电源总开关电压正常，测量电动机电源开关电压，如三相电压不平衡超过 5%则表明由电动机电源开关至配电室总开关一段的线路或某级开关故障。处理方法为由配电室电源总开关逐级测量三相电压，如测至某一级开关三相电压不平衡时则表明由该开关至上一级开关之间的线路或开关有故障，一般为接触不良，也可以带负载电流测量开关、接触器同相触头两端电压差查找故障点，如闭合触头间某一相压差较其他相大可判断为接触不良，应更换或修锉触头予以排除。

3. 电动机运行不平稳有什么现象？故障原因有哪些？如何处理？

故障现象：

（1）电动机运行时声音异常。

（2）电动机运行时振动大。

故障原因：

（1）电动机所带机械设备问题。

（2）电动机三相电压不平衡。

（3）电动机绕组局部短路或损坏。

（4）电动机本身机械问题。

处理方法：

（1）断开三相电源开关，在开关的负荷侧查确无电，实施安全措施，拆除联轴器使电动机与被拖动机械分离。

（2）合上电源开关，拆除安全措施，使电动机空载运行。

（3）如故障现象消失，说明故障为机械问题，检修机械设备。

（4）如故障现象仍在，需用万用表测量电动机开关下侧的相对电压是否平衡，相间电压是否一致，如不一致，检修开关及上侧电力线路。

（5）如三相电压平衡，故障现象仍未消失，需测量电动机运行时的三相电流不平衡度，在电动机的接线盒外测量电动机三相电流的矢量和，即将三根导线同时放在钳形电流表的钳口内，测量结果有电流数值显示表明电动机三相空载电流不平衡，需检修电动机绕组线圈；如电流数值为零或接近零则表明电动机的空载电流平衡，需检修电动机的机械问题。

（6）停运电动机，根据需要确定是否恢复电动机所带的机械设备。

（7）常见电动机机械问题有轴承缺油导致轴承磨损、端盖内轴承座间隙大轴承跑圈等。

4. 电动机三相电源缺相故障有什么现象？故障原因有哪些？如何处理？

故障现象：

（1）电动机运行声音异常。

（2）电动机不转或转速特别慢。

（3）电动机运行中出现过热保护。

故障原因：

（1）高压电源缺相导致低压侧电源缺相。

（2）变压器内部故障导致低压侧电源缺相。

（3）变压器低压侧至负荷端的电力线路断线、开关烧损。

处理方法：

（1）怀疑电动机三相电源有缺相故障，应立即停机，以防止电动机因缺相运行而烧毁。

（2）测量电动机电源开关上侧三相电压正常，而开关下侧三相电压不正常，这表明电动机电源开关故障，排除方法为更换或检修开关。

（3）测量电动机电源开关上侧三相电压缺相则表明供电电路故障，需进一步向上查找。

（4）测量配电室电源总开关三相电源电压，测量结果为三相电压正常则表明电源总开关至电动机电源开关的一段线路或某一级开关有断路故障。

（5）故障查找方法：由配电室电源总开关逐级测量各

级开关的三相电压，如测得某级三相电压缺相则表明由该开关至上一级开关之间的线路或开关有断路故障。

（6）如测量配电室电源总开关三相电压缺相则表明变压器内部故障或变压器低压侧至总开关有断路故障。排除方法为检测变压器绕组直流电组，查找线路断路点，修复断路故障。

5. 电动机主回路缺相故障有什么现象？故障原因有哪些？如何处理？

故障现象：

（1）电动机运行声音异常。

（2）电动机不转或转速特别慢。

（3）电动机运行中出现过热保护。

故障原因：

（1）电动机控制箱主回路断线或接触不良。

（2）电动机绕组断线或接触不良。

处理方法：

（1）停止电动机运行，断开电动机电源开关，做好安全措施。检查电动机接在控制箱或控制柜的接线端子处确无电压后再行操作。

（2）拆下电动机接在控制箱或控制柜上的导线，用万用表电阻挡测量至电动机端三根导线的通断，有断路需查找此段电缆或电动机的断点。

（3）合上电源开关，启动电动机的控制电路。

（4）将万用表拨至略大于被测电压的交流电压挡。

（5）测量控制箱或控制柜接电动机的三个接线端子电压。

（6）根据测量结果判断故障点，判断方法如下：

测得 A 相与 B 相电压正常、A 相与 C 相、B 相与 C 相无电压表明 C 相有断路故障。

测得 A 相与 C 相电压正常、A 相与 B 相、C 相与 B 相无电压表明 B 相有断路故障。

测得 B 相与 C 相电压正常、B 相与 A 相、C 相与 A 相无电压表明 A 相有断路故障。

（7）按照步骤（5）逐个测量电动机主回路的其他电气元器件的三相电压，如测至哪个元器件电压正常时，则表明该元件与前一次测量电压缺相的元器件之间的线路或电气元器件有断路故障，故障判断方法同步骤（5）。另外，由于电动机的控制电路不同，使用的电气元器件及主回路电路也不同，具体电路的缺相故障的检测方法也不同。

6. 电动机温度超过允许值故障有什么现象？故障原因有哪些？如何处理？

故障现象：

（1）电动机温度过高。

（2）电动机有异常声响。

（3）电动机有较大异味、外壳油漆变色。

故障原因：

（1）电动机绕组匝间短路、绕组一相接地、绕组一相断路、笼条断条等。三相电压异常可造成电动机温度升高，电流异常甚至烧毁电动机绕组。

（2）电动机轴承缺油或损坏。

（3）使用环境温度过高。

（4）电动机绕组接线错误，误将△形运行的电动机错误接成了 Y 形。

（5）电动机启动次数过于频繁。

（6）电动机自身的风扇叶装反、损坏或风道堵塞，或专用散热风扇失电、损坏。

（7）高次谐波电流。由于大量大功率的电子设备的使用，电流含有很大的高次谐波分量，当电动机有高次谐波电流流过时电动机温度上升，电磁噪声增大。

（8）电动机转子与定子之间气隙过小造成转子与定子铁芯摩擦，引起电动机局部温度升高。

处理方法：

（1）修复电动机。

（2）更换润滑油或更换轴承。

（3）室外电动机可采取搭简易遮阳棚，室内电动机可采取开窗通风的办法或安装排风扇或用鼓风机、电扇吹电动机等办法以改善冷却条件。

（4）根据电动机的铭牌上所标明的接线方法正确接线。

（5）减少启动次数或更换满足设备要求的电动机。

（6）更换扇叶或清除风扇罩上网眼和机壳上散热片的堵塞物，专用散热风扇正常运转。

（7）加装吸收高次谐波电流的滤波设备。

（8）拆开电动机抽出转子，查明故障原因后处理，例如轴承严重磨损故障。

7.电动机绕组断路故障有什么现象？故障原因有哪些？如何检查判断？

故障现象：

（1）运行中的电动机绕组断路电动机声音异常。停机后再次启动电动机不转且"嗡嗡"响。

（2）电动机不转或转速特别慢。

故障原因：

电动机定子绕组断路。

检查判断：

（1）做好安全措施，拆下电动机接线盒盖，拆下电动机接线端子上的连接片。

（2）根据被测绕组直流电阻的大小选择万用表电阻挡。

（3）测量接线盒内标有 U_1 的接线端子与 U_2 接线端子之间的电阻，测得有阻值表明正常，测得阻值无限大表明 U 相绕组断路。

（4）测量接线盒内标有 V_1 的接线端子与 V_2 接线端子之间的电阻，测得有阻值表明正常，测得阻值无限大表明 V 相绕组断路。

（5）测量接线盒内标有 W_1 的接线端子与 W_2 接线端子之间的电阻，测得有阻值表明正常，测得阻值无限大表明 W 相绕组断路。

（6）Y 形接法的电动机不必拆下连接片，可直接测量 U_1、V_1、W_1 接线端子与连接片阻值。

（7）根据检查结果修理电动机绕组。

8. 电动机绕组短路故障有什么现象？故障原因有哪些？如何检查判断？

故障现象：

电动机短路保护动作。

故障原因：

电动机绕组短路。

检查判断：

（1）用电桥测量电动机三相绕组直流电阻。

（2）分析测量结果，测得三相绕组直流电阻值大小一样表明正常。如两相阻值大小一样，而一相阻值较小表明阻值较小的一相绕组有匝间短路故障。

（3）拆除电动机接线盒内的绕组连接片，将万用表拨至 $R \times 1k$ 挡，用红、黑表笔测量。

（4）测量电动机接线盒内标有 U_1 与 V_1 端子之间电阻，测得阻值无限大表明正常，阻值较小或接近于零表明 U 相绕组与 V 相绕组有短路故障。

（5）测量电动机接线盒内标有 V_1 与 W_1 端子之间电阻，测得阻值无限大表明正常，阻值较小或接近于零表明 V 相绕组与 W 相绕组有短路故障。

（6）测量电动机接线盒内标有 W_1 与 U_1 之间电阻，测得阻值无限大表明正常，阻值较小或接近于零表明 W 相绕组与 U 相绕组有短路故障。

（7）根据检查结果修理电动机绕组。

9. 电动机绕组匝间或相间短路故障有什么现象？故障原因有哪些？如何处理？

故障现象：

（1）电动机三相电流不平衡。

（2）电动机有绝缘烧焦的臭味。

故障原因：

电动机绕组匝间或相间短路。

处理方法：

（1）停机并拆开电动机，抽出转子。

（2）仔细观察电动机绕组，查看绕组漆包线的颜色，一般颜色有焦黑色而且比其他部位重的可能是短路点。

（3）拆开绕组绑扎线，用划线板（一般采用竹制）轻轻撬开短路漆包线的连接处。

（4）采用耐高温的绝缘材料做好绝缘处理。

（5）重新扎好绑扎线，然后涮上绝缘漆并烘干。

（6）重新检测电动机绕组绝缘电阻和直流电阻，无异常后恢复电动机至正常运行。

10. 电动机绕组接地故障有什么现象？故障原因有哪些？如何处理？

故障现象：

（1）电动机运行时异常振动。

（2）电动机温度升高。

（3）测量电动机运行时三相电流不平衡。

（4）运行一段时间电动机过载跳闸。

故障原因：

电动机绕组接地。

处理方法：

（1）断开电动机电源开关，打开电动机接线盒，拆除连接片。

（2）将兆欧表 E 端引线接在电动机外壳上，将 L 端引线任意接在三相绕组的一个接线柱上。

（3）摇动兆欧表手柄至 120r/min，如测量绝缘阻值大于 0.5MΩ 表明正常，绝缘阻值为零表明绕组有接地故障。

（4）拆下接线盒内的导线及连接片，E 端测试线接电动机外壳，L 端测试线接在 U 相绕组的接线柱上。

（5）摇动兆欧表手柄至 120r/min，测得绝缘阻值无限大表明正常，绝缘阻值为零表明 U 相绕组有接地故障。

（6）用相同的方法摇测电动机 V 相绕组、W 相绕组阻值，确定发生接地故障的绕组。

（7）确定电动机故障后将电动机拆下修理。

11. 停运电动机绕组受潮、绝缘电阻下降故障有什么现象？故障原因有哪些？如何处理？

故障现象：

（1）电动机有受潮锈蚀现象。

（2）用兆欧表测试电动机绕组绝缘下降。

故障原因：

电动机绕组受潮。

处理方法：

（1）断开电动机电源开关。

（2）拆开电动机，抽出转子。

（3）将带有金属网罩的红外线灯泡或碘钨灯放入定子铁芯内，给灯泡接上电源，使灯光直接照射到绕组上。

（4）将电动机定子铁芯温度控制在 60 ～ 70℃之间，如果温度过高可适当减小灯泡功率，如温度过低可增加灯泡功率，持续干燥几小时至十几小时。

（5）断开灯泡电源，待定子铁芯冷却后，测量定子绕组绝缘阻值，如测得阻值在 0.5MΩ 以上表明故障排除，否则应继续干燥几小时至十几小时，如故障仍不能排除表明绕组损坏应更换。

（6）电动机绝缘合格后恢复电动机及接线，改善其工作环境后再投入运行。

12. 合闸后电动机转动不正常故障有什么现象？故障原因有哪些？如何处理？

故障现象：

（1）电动机转速慢。

（2）电动机有异响。

（3）合闸后无法转动。

故障原因：

（1）一相电源缺相或一相熔体烧毁。

（2）绕组首尾接反。

（3）一相电源回路接触松动。

（4）负载过重或转子、生产机械卡塞。

（5）电源电压过低。

（6）轴承破碎或卡住。

处理方法：

（1）检查缺相电源原因，换上同规格熔体检修线路。

（2）检查并改正错接绕组。

（3）清除接触面氧化层，紧固接线螺钉，用万用表测量接触电阻。

（4）减轻负载或排除卡塞故障。

（5）检查电源线路是否过细使线路损失大，或者误将绕组△接法接成 Y 接法。

（6）修理或更换轴承。

13. 电动机启动困难或启动后转速低于正常值故障有什么现象？故障原因有哪些？如何处理？

故障现象：

（1）电动机无法启动。

（2）电动机发出沉重的嗡嗡声。

（3）电动机转速低于正常值。

（4）电动机温升过高。

故障原因：

（1）电源电压严重偏低。

（2）将△绕组错接为 Y 绕组。

(3) 绕组局部短路。

(4) 负载过重。

处理方法：

(1) 检查电源电压，有条件时设法改善。

(2) 改正接线。

(3) 排除短路点。

(4) 适当减轻负载。

14. 异步电动机空载或带负载时，电流不稳定故障有什么现象？故障原因有哪些？如何处理？

故障现象：

电流表指针摆动不止。

故障原因：

(1) 绕线转子电动机有一相电刷接触不良。

(2) 绕线转子集电环的短路装置接触不良。

(3) 笼型转子的笼条开焊或断条。

(4) 绕线转子绕组的一相断路。

处理方法：

(1) 调整电刷压力和改善电刷与集电环的接触状况。

(2) 检查和修理集电环短路装置。

(3) 采用开口变压器或用其他方法检查并予以修复。

(4) 采用仪表或试灯查出断路，并予以修复。

15. 异步电动机空载运行时，三相电流相差过大故障有什么现象？故障的原因有哪些？如何处理？

故障现象：

(1) 电流大的一相绕组温度升高。

(2) 电动机启动困难。

(3) 电动机运行时发出噪声。

故障原因：

（1）电源电压不平衡。

（2）绕组引线首、尾端接错。

（3）绕组内部有匝间短路，线圈组接反。

（4）绕组接线有局部虚焊或断线处。

（5）三相绕组的匝数分配不均。

处理方法：

（1）测量三相电压，查出故障并予以修复。

（2）查明首、尾端，并纠正。

（3）解体检查绕组内故障，并予以消除。

（4）测直流电阻或通大电流找发热点，并予以消除。

（5）重换绕组，予以改正。

16. 异步电动机三相空载电流大于正常值故障有什么现象？故障的原因有哪些？如何处理？

故障现象：

（1）电动机效率降低。

（2）电动机拖动负载的能力降低。

（3）电动机易过热。

故障原因：

（1）电源电压过高。

（2）星形连接错接成三角形连接。

（3）电源频率降低或频率60Hz电动机使用在频率50Hz电源上。

（4）电动机安装不当（如转子装反，定子铁芯未对齐等）。

（5）气隙不均或增大。

（6）拆线时铁芯被烧损，降低了导磁性能。

（7）重绕时，线圈匝数被少绕。

处理方法：

(1) 检测电源电压，并设法调低电压。

(2) 查明故障，改正接线。

(3) 检查电源质量，应与电动机铭牌一致。

(4) 检查电动机装配质量，并消除故障。

(5) 调整气隙使其均匀，气隙过大则需调整线圈匝数。

(6) 修理铁芯，或重绕线圈时增加匝数。

(7) 重绕线圈，增加匝数。

17. 异步电动机运行时温升过高故障有什么现象？故障的原因有哪些？如何处理？

故障现象：

(1) 产生焦煳味。

(2) 定子绕组烧毁。

(3) 电动机绕组绝缘漆老化龟裂。

故障原因：

(1) 电源电压过高，使电动机温升超限。

(2) 电源电压过低，使电动机在额定负载下温升过高。

(3) 拆线圈时铁芯被烧损，致铁损耗大。

(4) 定子、转子铁芯相擦。

(5) 线圈表面沾满油垢或油泥。

(6) 过载或拖动的机械设备阻力大。

(7) 电动机频繁启动、制动和正反转。

(8) 笼型转子断条，绕线转子绕组接线开焊，使得在额定负载下转子温升过高。

(9) 绕组存在匝间短路、相间短路以及绕组接地等。

（10）进风或进水温度过高。

（11）风扇有故障，致使通风不良。

（12）电动机两相运行。

（13）绕组重绕后，绝缘未处理好。

（14）环境温度增高或通风道堵塞。

（15）绕组接线错误。

处理方法：

（1）调节供电变压器电压，降低电源电压。

（2）如因电源电压低则调变压器电压，如由电压降引起，则应更换粗电源线。

（3）做铁耗试验，检修铁芯，排除故障。

（4）查出故障，并予以修复。

（5）清洗或清扫绝缘表面油垢。

（6）排除机械故障或降负载。

（7）更换合适电动机，合理减少启动、制动和正反转次数。

（8）查明转子绕组断条和开焊处，重新补焊。

（9）用仪表和开口变压器找出故障，并予以排除。

（10）检查环境温度或进水装置是否正常或有无故障，并分别处理好。

（11）检查电动机风扇是否有损伤，其叶片是否破损和变形，并处理好。

（12）检查熔断器、开关触点和电动机绕组，找出故障予以修复。

（13）可采取浸两次以上绝缘漆。

（14）改善环境温度，清理电动机通风道。

（15）用仪表检查，找出错误，改正接线。

18. 异步电动机振动大故障有什么现象？故障的原因有哪些？如何处理？

故障现象：

(1) 电动机运行中有异响。

(2) 造成所拖动的负载损坏。

(3) 加速轴承磨损。

(4) 转子弯曲或断裂。

故障原因：

(1) 轴承磨损或间隙不符合要求。

(2) 定子、转子气隙不均匀。

(3) 电动机机壳强度不够。

(4) 铁芯变椭圆形或有局部突出。

(5) 转子不平衡。

(6) 基础强度不够，安装不平，重心不稳。

(7) 风扇叶片不平衡。

(8) 绕线转子绕组短路。

(9) 转轴弯曲。

(10) 定子绕组有短路、断路、接地和接错故障。

(11) 铁芯松动。

(12) 联轴器或皮带轮安装不符合要求。

(13) 齿轮接合松动。

(14) 电动机地脚螺钉松动。

处理方法：

(1) 更换新轴承。

(2) 调节气隙至规定值。

(3) 找出薄弱处，加固增加机械强度。

(4) 车或磨铁芯内、外圆。

（5）清扫加固后校动平衡。

（6）加固基础，重新安装和找正。

（7）校正几何尺寸，重找平衡。

（8）用仪表查找短路处，并予修复。

（9）予以校直。

（10）采用仪表检查，找出故障并予修复。

（11）紧固铁芯和压紧冲片。

（12）重新找正，必要时重新安装。

（13）检查齿轮接合，调试使其符合要求。

（14）紧固地脚螺钉或更换不合格的螺钉。

19. 异步电动机运行声音异常故障有什么现象？故障的原因有哪些？如何处理？

故障现象：

（1）出现金属摩擦声。

（2）出现撞击声。

（3）出现沉重的吼声，转速下降。

故障原因：

（1）重绕改变极数时，槽配合不当。

（2）转子摩擦槽楔或绝缘纸。

（3）轴承过度磨损，导致间隙大。

（4）定子、转子铁芯松动。

（5）电源电压过高或三相电压不平衡。

（6）定子绕组接错。

（7）绕组重换时，每相绕组匝数不均。

（8）绕组有匝间短路或相间短路等故障。

（9）轴承室缺少润滑脂。

（10）风扇碰风罩或风道堵塞。

（11）气隙不均匀，定子、转子相互摩擦。

处理方法：

（1）优选定子、转子槽配合。

（2）应检修槽楔或减去多余绝缘纸。

（3）检修或更换轴承。

（4）紧固铁芯冲片或重新叠装。

（5）查出原因，予以修复。

（6）用仪表检查，找出故障，予以修复。

（7）重换新绕组。

（8）用仪表检查，找出故障，予以修复。

（9）清洗轴承，增加适量润滑脂（一般为轴承室的 $1/2 \sim 2/3$）。

（10）修理风扇和风罩，使其尺寸符合要求，清理风道堵塞物。

（11）调整气隙，提高装配质量。

20. 异步电动机轴承过热故障有什么现象？故障的原因有哪些？如何处理？

故障现象：

（1）润滑脂溢出。

（2）轴承异响。

（3）电动机出现转动不灵活或卡滞。

（4）轴承出现滚动或振动声。

（5）轴承变色。

故障原因：

（1）润滑脂过多或过少。

（2）润滑脂油脂不好，含有杂质。

（3）轴承与轴配合过松或过紧。

（4）轴承与端盖轴承室配合过松过紧。

（5）油封太紧。

（6）轴承内盖偏心与轴承相擦。

（7）电动机两侧端盖或轴承盖没有装平。

（8）轴承磨损严重或内有杂物。

（9）电动机与传动机构连接偏心或传动带拉力过大。

（10）轴承间隙过大或过小。

（11）滑动轴承的油环转动不灵活。

处理方法：

（1）拆下轴承盖，调整油量，要求润滑脂填充轴承室容积的 1/2 ～ 2/3。

（2）更换新润滑脂。

（3）过松时可采用农机 2# 胶黏剂处理，过紧时，应适当车小按公差配合。

（4）过紧时可在轴承室内涂农机 2# 胶黏剂，过松则可适当车削端盖轴承室。

（5）修理或更换油封。

（6）修理轴承内盖，始与轴承间隙适当。

（7）按正确工艺将端盖或轴承盖装入止口内，然后均匀紧固螺钉。

（8）更换轴承，将含杂质的轴承彻底清洗并换新润滑脂。

（9）校准电动机与传动机构连接的中心线，并调整转动带的张力。

（10）更换合格的新轴承。

（11）检修油环，使油环尺寸正确和校正平衡。

21. 电动机过载故障有什么现象？故障原因有哪些？如何处理？

故障现象：

(1) 电动机运行声音沉重。

(2) 电动机过热。

(3) 电动机运行一段时间过载保护动作。

故障原因：

(1) 电源电压低于额定电压 10% 以下导致电动机功率输出不足。

(2) 电动机自身问题。

(3) 电动机过载。

处理方法：

(1) 检测三相电源电压正常，三相电压平衡且波动范围正常，表明电动机过载与三相电压无关。

(2) 将钳形电流表拨至高于电动机额定电流的一挡。

(3) 测量运行中电动机A相电流、B相电流、C相电流，测量结果三相电流均大大超过电动机的额定电流值且三相电流平衡则表明电动机过载。

(4) 检查电动机轴承有无过热、听电动机有无定子、转子摩擦声，无此现象表明电动机自身无问题。

(5) 查看电动机所带机械设备铭牌，看要求输入功率是否大于电动机额定功率，或机械设备已超负荷工作。

(6) 查明过载原因，排除过载故障或减小电动机负载至电动机的额定功率之内。

22.电动机转速低于额定转速故障有什么现象？故障原因有哪些？如何处理？

故障现象：

电动机转速低于额定转速。

故障原因：

（1）电源电压过低。

（2）鼠笼转子断条。

（3）负载超标。

（4）绕组故障。

（5）绕线型转子启动装置故障。

（6）电动机缺相运行。

处理方法：

（1）检查电源电压是否过低：用电压表测量电动机输入端电压，如过低则调整电源变压器分接开关提高电压。

（2）检查鼠笼转子，如果是鼠笼转子断条，更换新转子。

（3）检查负载，如果拖动的机械设备输入功率偏大，需选择大容量电动机或减小机械设备输入功率。

（4）检查绕组，通过测量电动机绕组的绝缘电阻和直流电阻，如果绕组有故障则修理电动机绕组。

（5）检查绕线型转子启动装置：如果存在故障则需更换或修理起动装置。

（6）检查电动机是否缺相运行：如果缺相需排除绕组故障或接线故障，或更换熔断丝。

23.单相电动机通电后不启动故障有什么现象？故障原因有哪些？如何处理？

故障现象：

电源正常，电动机通电后不启动，有嗡嗡声。

故障原因：

(1) 轴承损坏或装配过紧。

(2) 端盖装配不正。

(3) 转轴弯曲。

(4) 定子、转子相擦。

(5) 绕组开路、接地、烧毁或短路。

(6) 离心开关未闭合。

(7) 启动电容器开路或损坏。

处理方法：

(1) 轴承损坏或装配过紧，需拆卸电动机，更换轴承或修理配合表面。

(2) 端盖装配不正，应调整后重新装配定位。

(3) 转轴弯曲，应校正转轴，达到标准。

(4) 定子、转子相擦，需重校轴中心线。

(5) 绕组开路、绕组接地、绕组烧毁或短路。用万用表、兆欧表检查绕组，根据检查情况进行局部处理或全部重绕。

(6) 离心开关未闭合，检查和修理离心开关。

(7) 启动电容器开路或损坏，应更换新电容器。

24. LED 照明灯常见故障有什么现象？故障原因有哪些？如何处理？

故障现象 1：

灯泡不亮。

故障原因：

(1) 停电。

(2) 灯珠损坏。

(3) 恒流电源坏。

（4）电路开路，有断线点。

处理方法：

（1）可能因为停电引起，检查测量电源电压，看是否停电。

（2）只有一颗或两三颗灯珠损坏时可用电烙铁直接短接损坏发黑灯珠，可临时修复；如大量灯珠发黑需更换灯条。

（3）更换损坏恒流电源盒。

（4）熔断丝熔断，需更换熔断丝。

（5）电路开路，需修复线路。

（6）处理结束后，通电测试。

故障现象 2：

灯泡不亮且熔断丝接上送电就爆断。

故障原因：

（1）恒流电源烧坏短路。

（2）灯泡型 LED 灯座短路。

（3）线路短路。

处理方法：

（1）停电、验电、挂"禁止合闸，有人工作！"警告牌。

（2）检查恒流电源，如有烧黑、零件炸裂应更换同功率恒流电源。

（3）灯泡型 LED 灯座短路需修复或更换。

（4）查找短路点，排除并恢复绝缘。

（5）处理结束后，拆除警告牌，通电测试。

25. LED 应急日光灯不亮故障有什么现象？故障原因有哪些？如何处理？

故障现象：

LED 应急日光灯通电不亮，或断开墙壁开关亮度变暗转为应急状态不能关闭。

不亮故障原因：

（1）灯管损坏。

（2）线路开路。

不能关闭故障原因：

（1）开关接错。

（2）线路接错。

处理方法：

（1）灯管损坏更换同型号 LED 灯管。

（2）断电测量日光灯座 A 端与应急电源 1 号端、日光灯座 B 端与应急电源 2 号端之间电阻，如图 36 所示。若测得电阻不为零表明灯座 A 端与应急电源 1 号端或灯座 B 端与应急电源 2 号端断路。

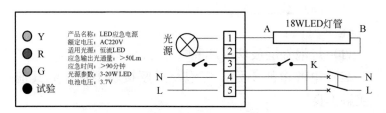

图 36 LED 应急日光灯电路图

（3）合上电源开关，测量 LED 应急电源 L 与 N 之间的电压，如图 36 所示。若测得电压为零表明电源开关至应急电源 4、5 号线端之间有断路，测得电压 220V 为正常。

（4）合上墙壁开关 K，测量日光灯应急电源 3 号端与 4 号端，若测得电压为零表明墙壁开关 K 接触不良，测得电压为电源电压表明墙壁开关 K 正常。

（5）如墙壁开关 K 断开，测量日光灯应急电源 3 号端与 4 号端为电源电压表明应急电源开灯未受墙壁开关 K 控制，导致不能关灯。

（6）如墙壁开关 K 断开，日光灯亮度变暗、且充电红灯熄灭，表明应急电源充电线受墙壁开关 K 控制，导致关灯后不能充电、在未停电状态下放电。应将充电线 5 号端接至墙壁开关 K 电源测。

26. 气体放电光源灯具照明常见的故障有什么现象？故障原因有哪些？如何处理？

故障现象：

（1）灯具点燃后只有放电管亮而灯泡不亮。

（2）灯具正常点燃后自熄。

（3）灯具正常点燃后忽亮忽灭。

（4）新灯具不能点燃。

（5）新灯具通电后立即烧毁。

故障原因：

（1）灯泡外层玻璃损坏漏气。

（2）电源电压不稳，灯泡与灯座接触不良，或其他接点接触不良。

（3）灯泡老化。

（4）灯泡与镇流器功率不匹配，触发器损坏、镇流器线圈断路、电源或线路故障。

（5）镇流器线圈匝间短路或烧毁短路。

处理方法：

（1）更换新灯泡。

（2）检查电源线路或回路各部位触点。

（3）更换新灯泡。

（4）更换配套镇流器、触发器或排除电源线路故障。

（5）更换镇流器及灯泡。

27. 插座线路漏电故障有什么现象？故障原因有哪些？如何处理？

故障现象：

插座线路漏电断路器漏电保护动作。

故障原因：

（1）漏电断路器损坏。

（2）线路绝缘层破损。

（3）插座接线错误。

（4）用电设备漏电。

处理方法：

（1）拔下该漏电断路器回路上的所有用电电器插头。

（2）插座空载时合上漏电断路器，若漏电断路器立即跳闸，需拆下漏电断路器负荷侧所接的零线 N 和火线 L。

（3）再次合上漏电断路器，若漏电断路器正常不跳闸，则提示插座线路导线有漏电故障若漏电断路器仍跳闸，则提示漏电断路器损坏，应更换。

（4）若确定插座线路漏电，选用500V 或1000V 兆欧表，将兆欧表 E 端子测试线接地或 PE 线，用 L 端子测试线分别测量已断开的接漏电断路器负荷侧的火线 L 和零线 N 对地绝缘电阻，若某次测得阻值低于 $0.22MΩ$ 提示该根导线对地漏电。测量方法如图 37 所示。例如，火线 L 漏电。

（5）拆下 1 号插座面板，拆开火线导线接头，再次测量火线导线的对地绝缘电阻。若测得阻值无限大则表明漏电断路器与 1 号插座之间的火线正常，若测得阻值低于 $0.22MΩ$ 表明漏电断路器与 1 号插座之间的火线 L 对地漏电。测量方法如图 38 所示。

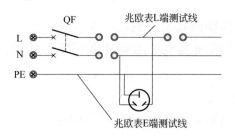

图 37　插座线路漏电测试（1）

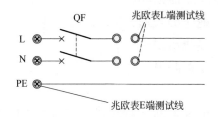

图 38　插座线路漏电测试（2）

（6）拆下 2 号插座面板，拆开 2 号插座火线 L 导线接头，测量 1 号插座至 2 号插座火线对地或 PE 线绝缘电阻，判断线路有无漏电，与上述相同。测量方法如图 39 所示。

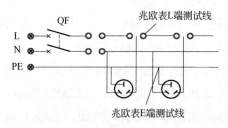

图 39　插座线路漏电测试（3）

28. 漏电断路器误动或拒动故障有什么现象？故障原因有哪些？如何处理？

故障现象：

（1）设备未发生漏电故障时漏电断路器动作。

（2）设备发生漏电故障时漏电断路器未动作。

故障原因：

（1）漏电断路器合闸不同步。

（2）周围设备有强电磁干扰。

（3）漏电定值过大。

（4）使用环境恶劣，环境温度、湿度、机械振动超过漏电断路器的设计条件。

（5）导线较长，有的敷设离地面距离较小，有不平衡的电容电流。

（6）漏电断路器本身故障。

处理方法：

（1）更换或调整漏电断路器达到合闸同步。

（2）更改安装地点或加强屏蔽。

（3）更换动作电流值稍小的漏电断路器。

（4）移动漏电断路器的安装环境。

（5）需更换动作电流值较大的漏电断路器或将漏电断路器迁移至线路后断安装。

（6）修复或更换漏电断路器。

29. 电缆线路故障有什么现象？故障原因有哪些？如何处理？

故障现象：

（1）变压器二次侧电源开关保护动作。

（2）变压器二次侧三相电压正常，负荷处电源开关进线端三相电压不正常。

故障原因：

（1）电缆发生短路故障。

（2）电缆发生断路故障。

处理方法：

（1）处理短路故障。

① 选用 500V 或 1000V 兆欧表并检查应完好，采用 L 端子测试线和 E 端子测试线测量。

② 运行中的电缆必须先停电，经查确无电后，再进行充分放电，实施安全措施。然后拆下电缆两端与设备或线路连接点，将电缆线芯分开并保持相互及对地在绝缘状态。

③ 将兆欧表 L 端子测试线接于电缆 A 相线芯上，用兆欧表 E 端子测试线分别测 A 相与 B 相、A 相与 C 相、A 相与 N 线的绝缘阻值。若某次测量阻值为零，则提示该次测量的线芯与 A 相短路。若三次测量阻值均无限大表明正常，电缆线芯无短路故障。

④ 电缆 A 相与兆欧表 L 端子测试线连接，E 端子测试线接地线或电缆铠，测量 A 相与地线的绝缘阻值。测得阻值为零则提示电缆 A 相接地短路，若阻值无限大表明正常。

⑤ 按照步骤③和步骤④方法测量 B 相与 C 相、B 相与 N 线、B 相对地的绝缘电阻。测量 C 相与 N 相、C 相与地及 N 线与地的绝缘阻值，判断 B 相、C 相、N 线线芯是否短路及是否接地短路，分析测量结果方法同上。

⑥ 通过电缆故障测试仪对电缆故障定点，将电缆从故障点锯开，剥离损坏部分后做电缆接头。

（2）处理断路故障。

① 停电、验电、放电、实施安全措施。

② 将电缆一端线芯短封在一起，另一端线芯分开。

③ 将兆欧表 L 端子测试线接于电缆 A 相线芯上，用兆欧表 E 端子测试线分别测量 A 相与 B 相、A 相与 C 相、A 相与 N 线阻值三次。若三次测得阻值均为零表明正常，电

缆线芯无断路故障。若某一次测量阻值无限大则提示 E 测试线所接线芯相断路。当三次测量阻值均无限大时提示 A 相线芯可能断路，需进一步查找。

④ 将兆欧表 L 端子测试线接于电缆 B 相线芯上，用兆欧表 E 端子测试线分别测量 B 相与 C 相、B 相与 N 线阻值两次。若两次测得阻值均为零表明 B 相、C 相、N 线正常无断路故障，电缆线芯 A 相断路。若某次测得阻值无限大，则提示 E 测试线所接线芯相断路。若两次测量阻值均无限大时，提示 B 相线芯可能断路。

⑤ 将兆欧表 L 端子测试线接于电缆 C 相线芯上，用兆欧表 E 端子测试线测量 C 相与 N 线阻值一次。测得结果为零表明电缆线芯 C 相、N 线正常，电缆线芯 B 相断路。若测得阻值无限大，则提示电缆 C 相线芯或 N 相线芯断路。

⑥ 通过电缆故障测试仪对电缆故障定点，将电缆从故障点锯开，剥离损坏部分后做电缆接头。

30. 三相四线制配电系统零线断路故障有什么现象？故障原因有哪些？如何处理？

故障现象：

(1) 电源三相相电压异常。

(2) 电器不能正常工作。

故障原因：

(1) 三相负载严重不平衡，零线电流过大或零线导线截面积过小，零线被烧断。

(2) 零线接头处接触不良，造成火花现象，时间长了，引起零线断路。

(3) 配电变压器的零线接线柱与导线连接接触不良，维护不到位，引发零线断路。

（4）配电变压器内部零线引出线断路。

（5）三相四线制线路零线上装有熔断器或单独的开关，熔断丝熔断或拉开开关，造成零线断路。

（6）断开三相四线制线路时，先断开零线。

（7）其他故障引起的零线断路，如大风刮断零线，车辆碰撞电杆、拉线造成零线断路等。

处理方法：

（1）将万用表拨至交流 500V 电压挡，用红、黑表笔测量。

（2）若发现低压三相四线配电系统电源进线开关 QF_1 负荷侧的相电压异常，应立即测量电源进线开关 QF_1 负荷侧三相线电压及三相对零线 N 相电压值。测得三相线电压平衡及相电压等于线电压的 $1/\sqrt{3}$ 表明正常。若测得三相线电压不平衡且三相对零线 N 的相电压有高有低则提示变压器二次绕组中性点的工作接地导线断路或由此处引出的零线断路，此时应立即拉开电源进线开关 QF_1，以防止扩大因零线断路而引起的设备损毁事故。如图 40 所示。

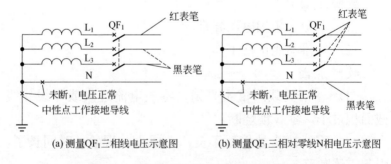

(a) 测量QF₁三相线电压示意图　　(b) 测量QF₁三相对零线N相电压示意图

图 40　三相四线制配电系统故障图（1）

（3）若发现低压三相四线配电系统出线二级开关 QF_2

负荷侧的相电压异常，应立即测量出线二级开关 QF_2 负荷侧三相线电压及三相对零线相电压值。测得三相线电压平衡及相电压等于线电压的 $1/\sqrt{3}$ 表明零线测量点之前正常。测得三相电压不平衡且三相对零线 N 的相电压有高有低则提示零线测量点之前的零线有断路故障，此时应立即拉开出线二级开关 QF_2，以防止扩大零线断路而引起的出线二级开关 QF_2 以下设备损毁事故。测量方法如图 41 所示。

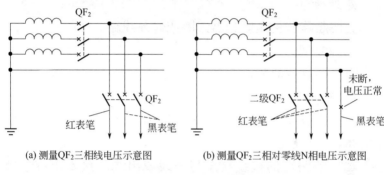

(a) 测量 QF_2 三相线电压示意图   (b) 测量 QF_2 三相对零线N相电压示意图

图 41　三相四线制配电系统故障图（2）

（4）拉开出线二级开关 QF_2 后，测量出线二级开关 QF_2 电源侧三相线电压。测得三相线电压平衡表明电源总零线正常，若测得三相电压不平衡则提示电源总零线断路或至上一级开关位置之间的零线断路。

（5）排除三级开关及以下各级线路的零线断路故障方法可按步骤（3）、步骤（4）进行。

（6）查出断点后对零线断点进行可靠的连接及绝缘处理。

31. 智能型万能式低压断路器故障有什么现象？故障原因有哪些？如何处理？

故障现象 1：

手动操作断路器合不上闸。

故障原因：

（1）失压脱扣器线圈断路，失压脱扣器按钮常闭触点损坏，及控制回路电源保护动作造成欠压脱扣器线圈无电压故障。

（2）分励脱扣器按钮常开触点短路或消防联动装置动作，其常开触点闭合，造成分励脱扣器动作。

（3）断路器脱扣机构机械故障。

处理方法：

更换断路器失压脱扣器线圈或修复线路。

故障现象 2：

断路器过热故障。

故障原因：

（1）断路器动触点与静触点压力过小、接触不良或触点损坏。

（2）断路器的接线端子与进线或出线压接不牢导致氧化松动。

处理方法：

更换断路器或打磨接触面氧化层后重新压接接线端子。

故障现象 3：

按下分闸按钮断路器不分闸。

故障原因：

（1）采用欠压脱扣器分闸的欠压脱扣器反作用力弹簧作用力小或铁芯工作面有油污。

（2）采用分励脱扣器分闸的分励脱扣器线圈烧毁或控制电路电源故障。

处理方法：

清洁断路器铁芯或调整、更换断路器相关部件。

故障现象 4：

断路器合闸后自动分闸。

故障原因：

（1）断路器合闸后很快分闸故障有可能由于过流脱扣器、瞬时脱扣器整定电流值过小引起。

（2）断路器合闸后经一段时间分闸故障有可能由于过流脱扣器长延时整定值不正确或热元件、半导体延时电路元器件变质引起。

处理方法：

重新整定脱扣电流或更换热元件（延时元件）。

故障现象 5：

按下合闸按钮断路器合不上闸。

故障原因：

（1）电动机或合闸电磁铁损坏。

（2）电动合闸操作电路故障。

（3）故障跳闸后未将故障指示器复位。

处理方法：

更换断路器或相应的储能电动机、将故障指示器按下复位。

32. 交流接触器的机械部分故障有什么现象？故障原因有哪些？如何处理？

故障现象：

（1）吸合困难，通电后用外力顶触头组件能够吸合。

（2）通电后有较大嗡嗡声、振动大。

（3）有时不能自保持。

（4）空气式延时触头不能正常延时动作。

故障原因：

（1）铁芯滑动空间有异物、脏污严重。

（2）短路环开路或脱落、铁芯端面锈蚀。

（3）外挂式辅助触头卡扣损坏导致不能可靠与主触头联动。

（4）空气延时辅助触头储气胶囊漏气、密封处变形。

处理方法：

（1）拆开主体清除异物、清理灰尘油污。

（2）清洁铁芯上的油污、粉尘，打磨锈蚀的端面并做防锈处理。

（3）更换损坏的辅助触头组件。

（4）更换漏气的空气延时辅助组件。

33. 电动机远程控制线路故障有什么现象？故障原因有哪些？如何处理？

故障现象：

（1）无规律不定时停机、保护器无动作信号。

（2）偶尔自行启动、时间多为晚上。

（3）控制线路熔断丝熔断，多发生在大雨后。

故障原因：

（1）空气开关经长时间运行后由于热胀冷缩造成接线松动或开关选型过小、环境温度高导致空气开关热过载保护动作跳闸。

（2）控制电缆为室内或室外电缆沟敷设方式，鼠咬导致绝缘损坏碰线造成电动机启动。

（3）直埋控制电缆受到外力破坏，绝缘损坏雨后土壤含水率变高导致控制线路漏电，严重时短路烧毁控制回路熔断丝。

处理方法：

（1）清理开关连接线接触面氧化层、紧固连接螺钉；更换合适的开关规格；采取通风措施降低环境温度。

（2）恢复受损绝缘并做防鼠措施。

（3）恢复受损绝缘并做防水措施。

34.电力拖动线路测量表计误差大原因有哪些？如何处理？

故障原因：

（1）接线错误。

（2）电流互感器与测量表计变比不符。

（3）电流互感器、电流表自身误差大。

（4）电流互感器二次负载容量小，无法满足多块表计测量。

处理方法：

（1）检查接线，是否有表计电流回路并联造成分流。

（2）检查并改为正确的变比。

（3）对互感器、电流表进行试验，更换合格的电流互感器或电流表。

（4）更换二次负载容量与测量表计相匹配的电流互感器。

35.熔断器常见故障有什么现象？故障原因有哪些？如何处理？

故障现象1：

熔断器过热。

故障原因：

（1）熔断器熔断丝受到损伤、熔断丝选择过小或熔断丝与熔管或瓷盖接触不良。

（2）熔管或瓷盖上的动触点与插座上的静触点接触不良。

（3）插座静触点上的接线端子与导线接触不良或导线过细。

处理方法：

（1）更换熔断丝。

（2）调整静触点压力或更换熔断器。

（3）重新压接导线。

故障现象 2：

通电后熔断丝立即熔断；通电带负载后熔断丝过一会儿熔断。

故障原因：

（1）电路有短路故障。

（2）电路有过载故障或熔断丝选择过小。

处理方法：

（1）排除短路故障后更换新熔断丝。

（2）查明过载原因，更换合适的熔断器或熔断丝。

36. 低压熔断式刀开关故障有什么现象？如何检查判断？如何处理？

故障现象：

低压熔断式刀开关负荷侧电压异常。

检查判断：

（1）断开低压熔断式刀开关的上级开关，挂"禁止合闸，有人工作！"警告牌。

（2）将低压熔断式刀开关置于断开位置。

（3）将万用表调至 R×1 电阻挡。

（4）用万用表红、黑表笔测量 A 相触刀两端阻值，阻值无限大表明 A 相熔断器熔断，阻值接近于零表明正常，如图 42 所示。

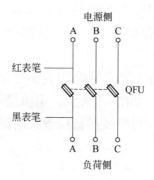

图 42 低压熔断式刀开关

（5）用同样的方法检测 B 相、C 相触刀两端阻值及判断故障。

（6）合上刀熔开关。

（7）用红、黑表笔测量刀熔开关 A 相、电源侧静触点接线端与负荷侧静触点接线端阻值，阻值接近于零表明正常，有阻值表明触刀与静触点接触不良，阻值无限大表明触刀与静触点断路，如图 42 所示。

（8）用同样的方法检测 B 相、C 相电源侧静触点与负荷侧静触点阻值及判断故障。

处理方法：

根据检查结果更换熔断器或修复触头或触点。

37. 电流互感器计量回路故障有什么现象？如何检查判断？如何处理？

故障现象：

电能表转速慢或反转。

检查判断：

（1）停电、验电、实施安全措施。

（2）拆下 A、B、C 相电流互感器 K_2 上的接线。

（3）将万用表拨至 R×100 电阻挡，检测 A 相电流回路。

（4）用红、黑表笔测量电能表 1 号接线端子与 A 相电流互感器 K_1 电阻，如图 43 所示。阻值接近于零为正常，阻值无限大表明 A411 号导线接错位置或断路。

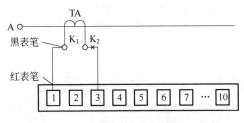

图 43　电流互感器回路（1）

（5）用红、黑表笔测量电能表 3 号接线端子与 N411 导线另一端电阻，如图 44 所示。阻值接近于零为正常，阻值无限大表明 N411 号导线接错位置或断路。

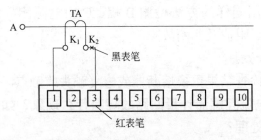

图 44　电流互感器回路（2）

（6）若发现某导线阻值无限大，应进一步查找故障。

例如：若 A411 导线阻值无限大，应用红表笔接电能表 1 号接线端子，用黑表笔分别测量电压回路接电源侧 A、B、C、N 和接电流互感器侧 N411、B41l、N412、C41l、N413 九根导线的阻值。如果测得某根导线阻值接近于零表明接线错误，该根导线应为 A411。如果阻值均无限大表明导线 A411 断路。

（7）用红、黑表笔测量导线 A411 断开端与 K_2 电阻，如图 45 所示。阻值接近于零为正常。阻值无限大表明电能表 A 相电流线圈或 A 相电流互感器二次绕组断路。

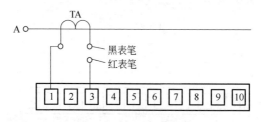

图 45　电流互感器回路（3）

（8）用相同方法检测 B 相和 C 相电流回路。

（9）检测完毕，接上 A、B、C 相电流互感器 K_2 上的导线。

（10）拆除安全措施。

（11）合上电源，查三相电源线电压和相电压均应正常。

（12）将万用表拨至交流电压挡适当的挡位。

（13）测量电能表 2 号接线端子与电源 A 相电压，如图 46 所示。若测得电压等于线电压 380V 或相电压 220V，表明 A 号导线接线错误，测得电压为零表明同相位正常。

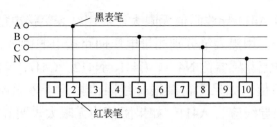

图 46　电流互感器回路（4）

（14）测量电能表 2 号接线端子与电源 B 相或 C 相电压，如图 47 所示。测得电压等于线电压 380V 为正常，电压为零表明 A 号导线断路。

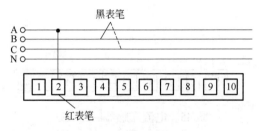

图 47　电流互感器回路（5）

（15）用同样的方法检测 B 相电压回路和 C 相电压回路。

（16）若检测发现某相电压回路与电源不是同相位表明接线错误。

处理方法：

修复计量回路断点或改正错误接线。

38. 单相机械式电能表故障有什么现象？如何检查判断？如何处理？

故障现象：

（1）电能表潜动。

（2）电能表不转（电源回路故障）。

（3）电能表振动大。

（4）负载工作正常但铝盘不转。

（5）铝盘转但计数器不动。

检查判断：

（1）电能表潜动时，拉开电能表负荷侧开关，若铝盘停止转动表明电能表正常，应查找电能表所带设备或线路是否有漏电故障。

（2）接通电能表负荷侧负荷，若铝盘仍然停止转动，表明回路开路或开关有故障。

（3）电能表运行时发出轻微的"嗡嗡"声为正常，如有持续的电磁振动声提示铁芯松动，发出机械振动声提示电磁元件或机械元件松动。

（4）负载工作正常但铝盘不转：

①铝盘卡住。

②电流线圈烧毁短路。

③电压线圈断路。

④表盘不平整，有摩擦现象。

⑤电能表安装过于倾斜。

（5）铝盘转但计数器不走字：

①计数器卡字。

②计数器进位轮损坏。

③转盘轴螺杆与计数器齿轮啮合不好。

处理方法：

根据检查情况采取修复线路、更换开关、修复或更换电能表等不同措施排除故障。

39. 低压单相有功电能表接错线有什么现象？故障原因有哪些？如何处理？

故障现象：

电能表转速慢、反转、停走或短路。

故障原因：

（1）检查电能表相线和零线有无对调。

（2）检查电能表电流线圈进、出线端钮是否接反。

（3）检查电能表接线端子1号与2号间连接片是否连接。

（4）电动机回路需校对电流与电压是否为同一相序。

处理方法：

（1）改正电能表错误接线。

（2）更换电能表。

40. 运行中的变压器温升过高有什么现象？故障原因有哪些？如何处理？

故障现象：

变压器温升过高、电流表指针超过规定界限，保护装置动作、电路切断等现象。

故障原因：

（1）电流过大，所带用户负荷超出变压器容量允许限度时过热。

（2）Y/Y—12接线的变压器，三相负载不平衡时发生过热。

（3）变压器断线，如△接线时，对外一相断线，对内线圈就会有环流通过，发生局部过负荷。

（4）变压器的夹紧螺栓松动，磁阻增大，无功负荷增加，在同样的有功负荷下就会产生过电流。

（5）线圈反接（特别是修复后的变压器容易出现线圈反

接现象），造成运行时反电势不足而产生电流。

（6）变压器带负荷投入运行，产生过电流。

（7）通风不良。

（8）变压器内部损坏，如线圈损坏、短路或油质不良等。

处理方法：

（1）变压器降低用户负荷。

（2）调正负荷，保证零线电流不超过低压额定电流的25%。

（3）变压器内部断线时，立即修复断线处。

（4）变压器夹紧螺栓松动时，拧紧螺栓。

（5）检修后的变压器线圈反接时，及时改正线圈接线。

（6）变压器空载投入运行，逐渐增加负荷。

（7）清除变压器外表灰尘，加强通风，必要时强制通风。降低负荷。

（8）变压器内部故障时，立即检修。

41. 变压器套管脏污、破裂有什么故障现象？故障原因有哪些？如何处理？

故障现象：

套管表面脏污、裂纹、发热、放电、闪络、击穿，开关跳闸。

故障原因：

（1）变压器套管表面受潮，闪络电压会降低。

（2）套管上有灰尘、油垢等脏污，闪络电压会更低。

（3）绝缘套管运行过程中，多次热胀冷缩破裂后，裂缝中充有空气损坏套管绝缘，甚至造成套管全部击穿。

处理方法：

（1）干燥套管，提高闪络电压。

（2）清洁套管脏污。

（3）套管破裂，立即更换。

42.配电装置过热有什么故障现象？故障原因有哪些？如何处理？

故障现象：

配电装置有烧焦气味，试温蜡片变色，母线过热短路等。

故障原因：

（1）配电装置过负荷。

（2）导线连接处松动，开关动、静触头接触不良，刀闸和熔断器没有合到位等引起接触部分过热。

处理方法：

（1）合理调整负荷。

（2）检修配电装置，紧固接点、调整开关触头压力，使开关刀闸、熔断器接触良好。

（3）加强监视，必要时进行远红外温度测试，发现并处理配电装置过热。

43.跌落式熔断器熔断丝熔断后，熔管不能迅速跌落有什么现象？故障原因有哪些？如何处理？

故障现象：

变压器低压侧有一相无电压或电压过低。

故障原因：

（1）熔管转动轴由于粗糙而转动不灵活，熔管在安装时就被异物堵塞而转动卡阻。

（2）由于上下转动轴安装不正和俯角不合适，熔断丝熔断后，熔管自重不足而不能迅速跌落。

（3）熔断丝、熔管配件选择不当，出现卡阻现象。

处理方法：

（1）用粗砂纸将转动轴研磨光滑，清除熔管内的杂物。

（2）调整俯角，转动轴与垂线保持 $15°\sim30°$。

（3）更换匹配的熔断丝、熔管配件。

44. 变压器三相负荷不平衡时有什么故障现象？故障原因有哪些？如何处理？

故障现象：

零线电流超过允许值，负荷大的一相电压下降，其余两相升高。

故障原因：

（1）三相负荷严重不平衡，中性点电压位移，三相电压不对称。

（2）工作接地电阻超标。

处理方法：

（1）合理调整三相负荷。

（2）测试变压器接地电阻，不合格的补打接地极。

45. 变压器绕组匝间短路有什么故障现象？如何检查判断？如何处理？

故障现象：

（1）一次电流增大。

（2）变压器有时发出"咕嘟"声，油面增高。

（3）高压熔断丝熔断。

（4）二次电压波动。

（5）油枕冒烟。

检查判断：

变压器停电，用双臂电桥测量三相直流电阻，判断绕组匝间是否短路。

处理方法：

变压器停电检修。

46.变压器油质劣化有什么故障现象？故障原因有哪些？如何处理？

故障现象：

变压器瓦斯继电器动作，油标管油色混浊、变褐色，有沉淀、杂质等。

故障原因：

（1）变压器内部绕组匝间、相间短路故障。

（2）变压器外部套管、线路短路故障，故障点未及时排除造成变压器长期高温运行。

处理方法：

（1）变压器进行直流电阻测试，绝缘电阻试验。

（2）处理变压器外部故障，更换变压器油，变压器试验。

47.变压器分接开关故障有什么现象？故障原因有哪些？如何处理？

故障现象：

变压器有放电异常声音，电流表指针摆动，电压异常。

故障原因：

（1）分接开关触头弹簧压力不足，触头滚轮压力不匀及镀层机械强度不够。

（2）分接开关与绕组焊接处接触不良，经受不起短路电流的冲击。

（3）调整分接开关挡位，分接头位置切换错误。

（4）分接开关静触头相间距离不够，绝缘材料性能降低。

处理方法：

（1）变压器进行直流电阻测试，绝缘电阻试验。

（2）更换不合格的分接开关。

48. 电容器的保护装置跳闸故障有什么现象？如何检查判断及处理？

故障现象：

补偿电容器回路开关跳闸。

检查判断及处理：

（1）检查电容器开关、电流互感器、电力电缆和接线有无缺陷，以及各个电容器有无发热、喷油、外壳鼓肚和套管放电等异常现象，如有上述现象，更换损坏设备。

（2）如果未见异常，则可能是外部故障造成母线电压波动而导致保护装置跳闸，查实后，可进行试送电。

（3）如果保护装置再次跳闸，则应对保护装置进行全面的电气试验，以及对电流互感器、放电线圈作特性试验。

（4）如果仍查不出故障原因，就需拆开电容器组，逐台进行试验，直至找出原因。

（5）电容器的保护装置跳闸后，应根据现场情况对故障原因进行判断，在查明原因和消除故障以前，不允许对电容器强行送电。

49. 电热带故障有什么现象？故障原因有哪些？如何处理？

故障现象：

电热带线路断路器跳闸。

故障原因：

（1）线路断路器选型太小。

（2）断路器故障。

(3) 接线盒或其他配件短路。

(4) 电热带受到机械损坏。

(5) 尾端处误将电热带两导线连接。

(6) 首尾端绝缘底层收缩。

(7) 导电体与管线或屏蔽层短路。

处理方法：

(1) 停电、验电、实施安全措施。

(2) 核算线路断路器选型大小，重新核对电热带所需电量，再选配合适的断路器（供电电缆亦应选配）。

(3) 检查断路器有无故障，如有需对断路器进行检修。

(4) 检查接线盒或其他配件有短路故障。如电热带受到机械损坏、尾端处误将电热带两导线连接、首尾端绝缘底层收缩、导电体与管线或屏蔽层短路等，查出故障点立即排除。

(5) 确定故障判断短路方法如下：

① 所有接线配件安装是否完整及防水密封是否损坏。

② 管道配件是否维修过而对电热带造成损坏。

③ 保温层是否有损坏或压伤。

④ 将线路每一段电热带隔离后分别用摇表测试故障所在。

(6) 排除故障后，拆除安全措施，通电试验。

50. PT100 热电阻常见故障有什么现象？故障原因是什么？如何处理？

故障现象：

(1) 二次仪表显示值为无穷大。

(2) 二次仪表显示值为负值。

(3) 二次仪表显示值不稳定。

故障原因：

（1）热电阻丝或信号线线断线。

（2）热电阻丝或引出线短路。

（3）保护管内有金属屑、灰尘。

处理方法：

（1）使用万用表测量热电阻阻值，如果热电阻丝阻值为无穷大，则说明热电阻内部断线，如热电阻本体阻值正常，需要进一步检查信号线线路，查出故障后，更换热电阻或焊接信号线及拧紧接线螺钉。

（2）使用万用表找出短路处，恢复、加强绝缘。

（3）除去金属屑，清扫灰尘水滴等杂物，加强接线盒密封。

51. 温度变送器常见故障有什么现象？故障原因是什么？如何处理？

故障现象：

（1）温度变送器没有输出。

（2）输出信号不稳定。

（3）变送器输出误差大。

故障原因：

（1）极性接反或线路断线。

（2）受到电磁信号干扰或线路虚接。

（3）变送器选择错误或二次仪表设定错误。

处理方法：

（1）测量变送器的供电电源，是否有 24V 直流电压；必须保证供给变送器的电源电压如果没有电源，则应检查回路是否断线、控制熔断丝是否熔断。

（2）屏蔽干扰源或采取其他抗干扰方法消除干扰源，

保证信号稳定；如果是虚接引起的信号波动，需要将松动端子紧固。

（3）将直流电流表串入 24V 电源回路中，检查电流是否正常；如果正常则说明变送器正常，此时应检查回路中其他仪表是否正常。

52. 热电偶常见故障有什么现象？故障原因是什么？如何处理？

故障现象：

（1）测得的毫伏信号比实际值小。

（2）测得的毫伏信号比实际值大。

（3）测量仪表指示不稳定，时有时无，时高时低。

（4）热电偶电势误差大。

故障原因：

（1）热电偶接线盒内接线柱间短路、补偿导线因绝缘损坏而短路、补偿导线与热电偶不匹配、补偿导线与热电偶极性接反、插入深度不够和安装位置不对、热电偶冷端温度过高。

（2）补偿导线与热电偶型号不匹配、安装位置不对、热电极变质、有干扰信号进入、热电偶参考端温度偏高、变送器选择错误或二次仪表设定错误。

（3）热电极在接线柱处接触不良、热电偶有断续短路或断续接地现象、热电极已断或似断非断、热电偶安装不牢固，发生摆动、补偿导线有接地或断续短路现象。

（4）热电极变质、热电偶的安装位置与安装方法不当、热电偶保护套管的表面积垢过多、测量线路短路（热电偶和补偿导线）、热电偶回路断线、接线柱松动。

处理方法：

（1）经检查若是由于潮湿引起，可烘干；若是由于瓷管绝缘不良，则应予以更换。打开接线盒，把接线板刷干净；将短路处重新绝缘或更换新的补偿导线；更换成同类型的补偿导线；重新按正负极接正确；改变安装位置和插入深度；热电偶的连接导线换成补偿线，使冷端移开高温区。

（2）更换相同型号的补偿导线；改变安装位置或插入深度；更换热电偶；检查干扰源并予以消除；调整参考端温度或进行修正；检查二次仪表参数。

（3）紧固接线端子、将热电偶的热电极从保护管中取出，找出故障点并予以消除；更换新电极；安装牢固；找出故障点并予以消除。

（4）更换热电偶；改变安装位置与安装方法；进行清理；将短路处重新更换绝缘；找到断线处，并重新连接；拧紧接线柱。

53. 压力变送器常见故障有什么现象？故障原因是什么？如何处理？

故障现象：

（1）压力变送器无输出。

（2）变送器输出大于 20mA。

（3）变送器输出小于 4mA。

（4）压力指示不正确。

故障原因：

（1）变送器电源接反；测量变送器的供电电源无 24V 直流电压。

（2）变送器电源不正常；实际压力是否超过压力变送器的所选量程；压力传感器损坏，过载损坏隔离膜片；电源线接线不正确。

（3）变送器电源不正常；压力传感器损坏。

（4）变送器电源不正常；压力指示仪表的量程与压力变送器的不一致；压力指示仪表的输入与相应的接线不正确；引压管内有沙子、杂质等堵塞管道。

处理方法：

（1）恢复变送器电源接线，区分正负极端子和相应电压等级。

（2）检查更换电源；重新选用适当量程的压力变送器；压力传感器若是损坏，需发回生产厂家进行修理或更换新变送器；电源线及信号线应接在相应的接线端子上。

（3）检查更换电源，需发回生产厂家进行修理或更换新变送器。

（4）检查更换电源；重新设置压力指示仪表，使其量程必须与压力变送器的量程一致；压力指示仪表的输入是 4 ～ 20mA 的，则变送器输出信号可直接接入；如果压力指示仪表的输入是 1 ～ 5V 的则必须在压力指示仪表的输入端并接一个精度在千分之一及以上、阻值为 250Ω 的电阻，然后再接入变送器的输入；管路内有沙子、杂质等堵塞管道时，需清理杂质，并加强排污次数。

54. 差压变送器常见故障有什么现象？故障原因是什么？如何处理？

故障现象：

（1）安装完毕后无输出信号。

（2）输出信号为零点。

（3）输出信号为满度。

（4）指示值偏高。

（5）指示值偏低。

故障原因：

（1）可能未通电；电源线、信号线连接错误。

（2）正负压取压管根部截止阀未打开；平衡阀未关闭；导压管泄漏。

（3）压力值超超量程；负压截止阀未打开。

（4）负压侧阀门、管线处泄漏；正压管线点比负压管线高，造成了附加误差；负压侧管线堵塞；负压侧截止阀没全部打开。

（5）平衡阀没关严；平衡阀、正压侧管线有漏点；正压侧有气体，或正压侧管线为比负压管低，造成了附加的误差；正压侧截止阀没有全部打开。

处理方法：

（1）恢复变送器电源接线，区分正负极端子和相应电压等级。

（2）调整三阀组，如果导压管泄露，需焊接补漏。

（3）调整压力或更换相应量程的差压变送器；打开负压截止阀。

（4）要及时关闭阀门处理泄漏处、重新安排管线，排放负压管内气体；关闭阀门疏通管线；全部打开阀门。

（5）及时关严平衡阀；要及时更换或补焊平衡阀、正压侧管线；重新安排管线，全部打开正压侧截止阀。

55. 多功能数字电力仪表常见故障有什么现象？故障原因是什么？如何处理？

故障现象：

（1）多功能电力仪表不显示。

（2）电压电流显示不准确。

（3）无法设定相应参数。

故障原因：

（1）仪表损坏或无电源输入。

（2）电压端子、电流端子接线错误；参数设定错误。

（3）设定密码错误。

处理方法：

（1）检查确认仪表电源，如果电源正常判断仪表损坏，可进行修理或更换电力仪表。

（2）按照使用说明书正确将电压端子及电流端子接线；根据现场电流互感器变比进行正确的参数设定。

（3）查找说明书或联系厂家找到正确密码。

56. 数显仪表参数不正确故障有什么现象？故障原因是什么？如何处理？

故障现象：

（1）仪表 PV 显示窗口，读数不正确。

（2）无继电器输出控制。

故障原因：

（1）数字显示仪表信号类型设置错误；传感器量程设置错误。

（2）上下限报警参数设置错误。

处理方法：

（1）根据现场输入信号实际情况，选择 PT100 热电阻、直流电压信号、直流电流信号或者是热电偶的 mV 信号等。

（2）根据所控制设备的工况，设置上下限报警参数。

57. 数显仪表接线错误故障有什么现象？故障原因是什么？如何处理？

故障现象：

（1）通电后不显示。

（2）数码管亮但显示为负值。

（3）信号波动较大。

（4）显示不准确。

故障原因：

（1）辅助电源未加到仪表上；电源变压器或开关电源故障。

（2）输入信号断线或正负极接反。

（3）信号不稳定，有强磁场干扰源；仪表自身故障，芯片虚焊等原因。

（4）信号线接线错误，没有按照说明书定义的端子正确接入。

处理方法：

（1）使用万用表检查辅助电源接线，查看是否具有相应的工作电压；如有相应电压，则仪表内部电源或线路出现故障，可维修或调换。

（2）查输入信号线是否断线；极性是否正确。

（3）检查输入端传感器信号是否波动较大，排除传感器故障后，可采用接地、滤波等方式降低干扰；仪表损坏可维修或调换。

（4）根据说明书正确连接输入信号端子。

58. 软启动器常见故障有什么现象？故障原因是什么？如何处理？

故障现象：

（1）电动机不转。

（2）不能用外部端子启停。

（3）电动机虽然旋转，但是速度慢。

（4）电动机启动时间过长。

（5）运行中突然停车。

故障原因：

（1）软启动器面板显示故障、主回路或控制回路接线错误、电动机被卡住。

（2）参数未设置为外控、启动时 RUN 没有与 COM 连接、STOP 没有与 COM 连接。

（3）负载过重、启动电压过低。

（4）负载过重、加速时间参数设置不正确。

（5）RUN 端子松动、如有外接保护器，常闭点动作、外部停止按钮连线松动脱落。

处理方法：

（1）根据面板提示故障代码，排除故障原因后再次启动；根据说明书排除接线错误；启动前进行盘车检车，保证电动机转动灵活。

（2）正确设定参数，正确连接软启动器控制线路。

（3）检查排除负载过重原因，使软启动器在规定电压值工作。

（4）检查排除负载过重原因，正确设定软启动器启动参数。

（5）检查排除控制线路松动、脱落等原因。

59. PLC 常见故障有什么现象？故障原因是什么？如何处理？

故障现象：

（1）PLC 电源、输入、输出指示灯都不亮。

（2）PLC 输出指示灯亮，但是没有输出信号。

（3）PLC 输出指示灯熄灭，但是仍有信号输出。

（4）PLC 输入信号一直亮，导致设备无法运行。

（5）模拟量信号波动较大。

故障原因：

（1）PLC 内部开关电源损坏。

（2）PLC 内部输出点损坏。

（3）PLC 内部输出继电器的触点卡死或短路粘连。

（4）PLC 的外围输入按钮和传感器短路；PLC 内部的光电耦合输入电路有问题。

（5）强电电磁干扰。

处理方法：

（1）可拆开 PLC 检查开关电源，一般这种情况是 PLC 内部开关电源电容损坏。比如西门子 PLC 可以判断其开关电源中的 25V 47μF 电解电容不好，更换后运行正常，如果开关电源损坏严重，可更换电源板。

（2）更换同类型的继电器。

（3）更换同类型的继电器。

（4）检查 PLC 的外围输入按钮和传感器有无问题；对 PLC 进行维护或更换。

（5）在用户程序里新增中值滤波程序；使用隔离栅隔离干扰信号；改变信号电缆敷设方式，避免与强电同沟敷设。

60. 变频器常见故障有什么现象？故障原因有哪些？如何处理？

故障现象 1：

送电后电源空气开关跳闸或变频器主电源接线端子部分出现火花。

故障原因：

空气开关自身损坏、变频器内部整流桥短路、中间电路（滤波电路）短路。

处理方法：

（1）排查空气开关及引线是否有短路，如安装有变频器上电接触器一起排查。

（2）拆除变频器进线（R、S、T）端，通过检查、测量变频器输入端子（R、S、T）、直流端子（P、N）判断变频器输入侧附件及变频器内部整流桥、滤波电容等是否有短路故障。

根据以上检查结果更换损坏器件。

故障现象2：

送电时变频器控制面板无显示。

故障原因：

主回路充电电阻（限流电阻）断路或老化阻值增大；控制面板自身故障；变频器开关电源电路工作不正常。

处理方法：

检测变频器供电电源是否正常，断电状态下检测充电电阻，如老化或断路即使更换。变频器上电，测量变频器中间电路直流侧端子P、N电压应在530V左右直流电压，直流母线电压正常。通过测量控制端子有无直流24V或10V电压，控制面板5V供电，判断开关电源是否工作正常。如无电压输出则判断变频器内部开关电源损坏，对开关电源进行维修。排除上述问题后，面板还是没有显示判定为面板本身顺坏或插接引线接触不良。

故障现象3：

开机后给定运行命令变频器无输出（电动机不启动）。

故障原因：

变频器启动参数设置或运行端子接线错误、频率给定命令未对应工作状态（就地或远方或DCS系统控制）。

处理方法：

断开输出电动机线，再次开机后观察变频器面板显示的输入频率，同时测量交流输出端子，可能原因是变频器启动参数设置或运行端子接线错误、改正接线；手动就地控制时为变频器面板或配电柜上电位器给定频率，自动远方时需DCS系统输出模拟量给定频率命令。

故障现象 4：

运行时"过电压"保护，变频器停止输出。

故障原因：

（1）电源输入侧的过电压。

（2）制动或减速时间过短或制动电阻损坏。

处理方法：

（1）如果电源输入侧电压过高，通过调整变压器分接开关调整输入侧电压。

（2）变频器拖动大惯性负载时，检查制动单元及制动电阻是否工作正常，调整减速时间至最佳值。

故障现象 5：

运行时"过电流"保护，变频器停止输出。

故障原因：

电动机堵转或负载过大。

处理方法：

对照检查变频器说明书、电动机铭牌以及负载情况，确定是电动机堵转还是负载过大，减轻负载或适当调整变频器参数，如无法奏效则说明逆变器部分出现老化或损坏。

故障现象 6：

运行时"过热"保护，变频器停止输出。

故障原因：

变频器散热风机停运转或电动机过热保护关闭。

处理方法：

对照检查变频器说明书、电动机铭牌以及负载情况，检查变频器风机，测量电动机温度，确定是环境温度过高超过了变频器允许限额、散热风机损坏或是电动机过热导致保护关闭。

故障现象7：

运行时"接地"保护，变频器停止输出。

故障原因：

变频器内部或电动机的绝缘损坏。

处理方法：

（1）检测电机绕组相间绝缘，电机绕组对地绝缘。

（2）检测电缆破损及对地绝缘电阻。

（3）变频器主板、整流桥、霍尔传感器、逆变模块等全面检测。

故障现象8：

制动问题（过电压保护）。

故障原因：

制动时间过短或制动系统失效。

处理方法：

如果电动机负载确实过大并需要在短时间内停车，则需购买带有制动单元的变频器并配置相当功率的制动电阻，否则可以调整变频器制动参数及时间。如果已经配置了制动功能，则需要检测制动电阻是否损坏或制动检测单元失效。

故障现象9：

变频器内部发出腐臭般的异味。

故障原因：

主滤波电容破损漏液。

处理方法：

切勿开机，停电打开机盖检查，更换变频器内部主滤波电容。

61. JD-6 型电动机综合保护器启机失败故障有什么现象？故障原因有哪些？如何处理？

故障现象：

（1）电动机启动时可见旋转动作，缺相灯亮。

（2）2s 后交流接触器释放，启动失败。

故障原因：

部件虚焊。

处理方法：

电动机若在启动时就缺相，不会有旋转动作。将电动机综合保护器的 3 号和 4 号端子用导线短接再行启动，电动机启动成功，说明问题出在保护器内部。拆下保护器，发现电阻 R_2 虚焊（1TA-4TA 二次侧可短路，但不允许开路，开路将导致二次侧出现异常过电压，使电容器 C_3 击穿）。当然电阻 R_2 虚焊开路或 C_3 击穿除了引发缺相误保护外，不会出现其他异常。

62. JD-6 型电动机综合保护器过载保护不停机故障有什么现象？故障原因有哪些？如何处理？

故障现象：

电动机运行中过载指示灯闪烁，蜂鸣器响，但长时间后仍未保护停机。

故障原因：

继电器 K 线圈断线。

处理方法：

（1）过载灯闪烁说明过载保护电路已启动，但执行机构存在问题。

（2）长时间未保护停机应立即手动停机检查。保护器无法在线检查，一般应拆下在实验台上检修。

（3）用万用表测量检查电容器 C6、继电器 K 以及控制芯片（NE556）。NE556 可更换试验，C6 应检查其充放电特性及是否漏电。本例中发现继电器 K 线圈断线，更换后故障排除，如图 48 所示。

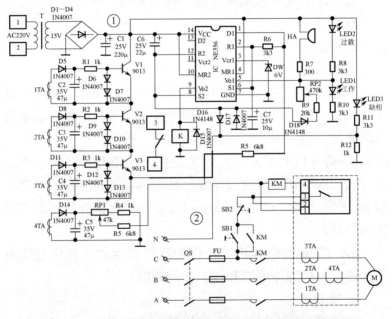

图 48　JD-6 型电动机综合保护器原理与故障检修电路图

63. 光伏电站常见故障有什么现象？故障原因有哪些？如何处理？

故障现象：

（1）逆变器不并网。

（2）PV 过电压。

（3）电网错误。

（4）逆变器硬件故障。

（5）交流侧过电压。

故障原因：

（1）交流开关没有合上、逆变器交流输出端子没有接上、连线上逆变器输出接线端子上排松动了。

（2）组件串联数量过多，造成电压超过逆变器的电压。

（3）电网电压和频率过低或者过高。

（4）逆变器电路板、检测电路、功率回路、通信回路等电路有故障。

（5）电网阻抗过大，光伏发电用户侧消化不了，输送出去时又因阻抗过大，造成逆变器输出侧电压过高，引起逆变器保护关机或者降额运行。

处理方法：

（1）用万用表电压挡测量逆变器交流输出电压，在正常情况下，输出端子应该有 220V 或者 380V 电压，如果没有依次检测接线端子是否有松动，交流开关是否闭合，漏电保护开关是否断开。

（2）因为组件的温度特性，温度越低电压越高。单相组串式逆变器输入电压范围是 100 ～ 500V 建议组串后电压在 350 ～ 400V 之间，三相组串式逆变器输入电压范围是 250 ～ 800V 建议组串后电压在 600 ～ 650V 之间。在这个电压区间，逆变器效率较高，早晚辐照度低时可发电，但又不至于电压超出逆变器电压上限，引起报警而停机。

（3）用万用表测量电网电压和频率，如果超出了，就等待电网恢复正常。如果电网正常，则是逆变器检测电路板发电故障，请把直流端和交流端全部断开，让逆变器停电30min 以上，如果自己能恢复继续使用，如果不能恢复就联系售后技术工程师。

（4）逆变器出现上述硬件故障，请把直流端和交流端全部断开，让逆变器停电 30min 以上，如果自己能恢复就继续使用，如果不能恢复就联系售后技术工程师。

（5）加大输出电缆，因为电缆越粗阻抗越低；逆变器靠近并网点，电缆越短阻抗越低。